漫话新能源

江 洪 著

科学出版社
北 京

内 容 简 介

“双碳”目标的提出有着深刻的国内外发展背景，是以习近平同志为核心的党中央经过深思熟虑作出的重大战略决策，必将对我国经济社会产生深刻的影响。能源在人类文明每一幕中都扮演着至关重要的角色。本书通过漫画的形式，以深入浅出、通俗易懂的方式，讲述推动人类应对气候变化和未来发展的新能源在哪里？又有哪些正在为人类服务的新能源？本书科学、系统地描绘新能源体系和新能源技术，主要包括太阳能、风能、核能、生物质能、氢能和水能，以及海洋能、潮汐能、波浪能、海流能、盐差能、地热能等非传统能源，相信读者可以通过此书轻松走进新能源的世界，从而提高对新能源科学技术的认知！

本书适合社会大众，特别是非从事科研工作的人员和广大青少年读者阅读参考。

图书在版编目（CIP）数据

漫话新能源/江洪著. 一北京：科学出版社，2024.8

ISBN 978-7-03-074531-6

I. ①漫… II. ①江… III. ①新能源-普及读物 IV. ①TK01-49

中国版本图书馆 CIP 数据核字（2022）第 253944 号

责任编辑：邵　娜／责任校对：高　嵘
责任印制：彭　超／封面设计：苏　波
装帧设计：苏　波／形象设计：易盼盼
正文绘制：易盼盼／插图绘制：张　飞

科学出版社 出版

北京东黄城根北街 16 号
邮政编码：100717
http://www.sciencep.com

武汉市首壹印务有限公司印刷
科学出版社发行　各地新华书店经销

*

开本：B5（720×1000）
2024 年 8 月第　一　版　　印张：11 1/4
2024 年 8 月第一次印刷　　字数：200 000

定价：35.00 元

（如有印装质量问题，我社负责调换）

前言

各位读者朋友，你们好！

2020 年 9 月 22 日，国家主席习近平在第七十五届联合国大会一般性辩论上向全世界郑重宣布："中国将提高国家自主贡献力度，采取更加有力的政策和措施，二氧化碳排放力争于 2030 年前达到峰值，努力争取 2060 年前实现碳中和。"控制传统能源消费，促进新能源发展，已经对我国经济社会产生深刻的影响。我们"漫话科技系列"图书的两位主人公：爱学习、爱思考的小武同学和来自中国科学院的学识渊博的科学家韩爷爷对这个话题也十分感兴趣。作为各位读者的老朋友，"漫话科技系列"已经出版了三部：《漫话科技最前沿》、《漫话科技与生活》和《漫话大科学基础设施》，都受到了广大读者朋友的喜爱，这回我们的"漫话科技系列"就给大家讲讲新能源的故事。

能源在人类文明每一幕中都扮演着至关重要的角色。我国的《能源百科全书》中写道："能源是可以直接或经转换提供人类所需的光、热、动力等任一形式能量的载能体资源。"可见，能源是一种呈多种形式的、且可以相互转换的能量的源泉。确切而简单地说，能源是自然界中能为人类提供某种形式能量的物质资源。太阳是人类最原始的能量来源，而人类最早利用的能源是生物质能如草木燃料，处在遥远的荒蛮时代的远古祖先，就学会了烧木头为自己取暖、烧烤野兽为自己充饥。恩格斯曾经说过："摩擦生火第一次使人支配了一种自然力，从而最终把人同动物分开。”人类历史伴随着能源利用的不断发展，我们经历了漫长的薪柴时代、异军突起的煤炭时代、日新月异的电力时代、全面爆发的石油时代，今天已经进入了蓬勃发展的新能源时代。传统能源如煤炭、石油等已被人类利用许多年，目前仍在大规模使用，但是传统能源带来的二氧化碳排放、酸雨、温室效应、臭氧层破坏、光化学烟雾等环境问题已经日益影响地球生态系统的正常运作，影响人类的生存与发展。地球是全人类赖以生存和发展的共同家园，控制碳排放以减缓全球气候变暖，是促进人类社会健康发展的重要全球性议题之一。中国作为负责任的大国，正在努力发展新能源，以实际行动向世界展示了保护生态环境、应对气候变化的决心和信心，赢得了国际社会的广泛关注和高度认可。

我们所说的新能源体系包括太阳能、风能、核能、生物质能、氢能和水能，以及海洋能、潮汐能、波浪能、海流能、盐差能、地热能等非传统能源。在我国能源产业格局中，煤炭、石油、天然气等产生碳排放的化石能源占能源消耗总量的84%，水电、风电、核能和光伏等仅占能源消耗总量的 16%。而联合国环境规划署 2019 年发布的报告显示：2010~2019 年，中国是全球可再生能源领域的最大投资国。2020 年，我国可再生能源领域的就业人数超过 400 万，占全球该领域就业总人数的近 40%。我国光伏、风电、水电装机量均已占到全球总装机量的三分之一左右，领跑全球。但我们不能躺在功劳簿上洋洋自得，实现 2060 年“碳中和”的目标，仍任重道远！

为实现“双碳”目标，我国将进行能源革命，加快发展可再生能源，降低化石能源的比重，巨大的清洁、绿色能源产业发展空间将会进一步打开，新能源技术的发展将成为我国进一步发展绿色经济的机遇所在。

同时为实现“双碳”目标，我国还需要教育和引导广大人民群众转变生活方式，不断推广绿色出行、绿色生活、绿色办公、绿色消费等行为习惯，着力创造高品质生活，构建绿色低碳生活圈。

那么，亲爱的朋友，你是不是对新能源的奥秘已经开始有了浓厚的兴趣？是不是迫切地想知道推动人类应对气候变化和未来发展的新能源在哪里？是不是迫切地想知道有哪些正在为人类服务的新能源？是不是迫切地想知道科学家们有哪些关于新能源技术和新能源利用的奇思妙想？别着急！我们的老朋友小武同学跟科学家韩爷爷的聊天会让你了解新能源知识、畅游新能源天地！他们会带着你从 7 个方面来认识新能源。这 7 个方面分别是：①古老的与崭新的能源；②太阳能；③风能；④核能；⑤生物质能；⑥氢能和水能；⑦其他能源。

好了，请你做好准备，跟随小武和韩爷爷开启一段快乐的探索新能源的旅程吧！

中国科学院武汉文献情报中心　江洪

2022 年 4 月 20 日

目录

第三章　风能 / 55

第四章 核能 / 77

第五章 生物质能 / 99

第六章 氢能和水能 / 121

第七章 其他能源 / 143

第一章 古老的与崭新的能源

1 什么是能源？

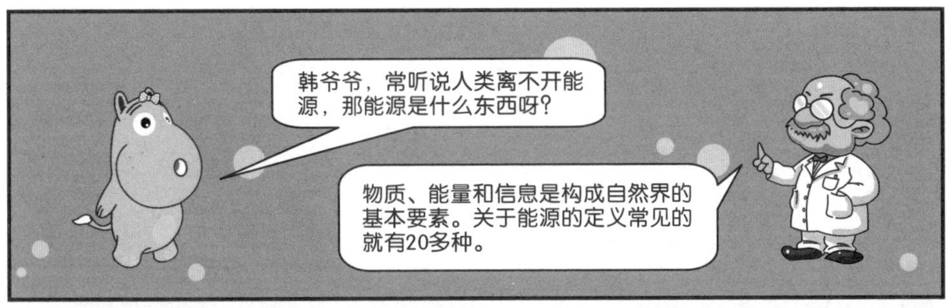
韩爷爷，常听说人类离不开能源，那能源是什么东西呀？
物质、能量和信息是构成自然界的基本要素。关于能源的定义常见的就有20多种。

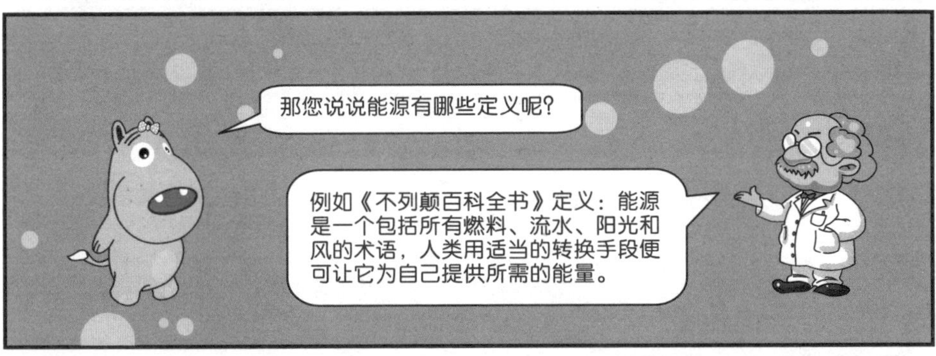
那您说说能源有哪些定义呢？
例如《不列颠百科全书》定义：能源是一个包括所有燃料、流水、阳光和风的术语，人类用适当的转换手段便可让它为自己提供所需的能量。

《日本大百科全书》定义：在各种生产活动中，我们利用热能、机械能、光能、电能等来做功，可利用来作为这些能量源泉的自然界中的各种载体，称为能源。我国的《能源百科全书》定义：能源是可以直接或经转换提供给人类所需的光、热、动力等任一形式的、且可以互相转换的能量的源泉。……

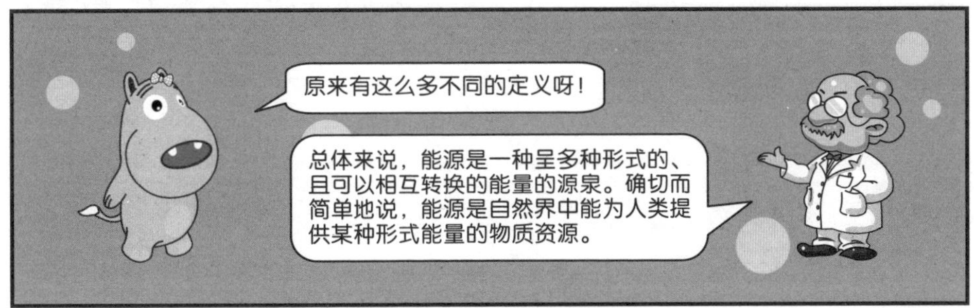
原来有这么多不同的定义呀！
总体来说，能源是一种呈多种形式的、且可以相互转换的能量的源泉。确切而简单地说，能源是自然界中能为人类提供某种形式能量的物质资源。

远古时代的太阳崇拜

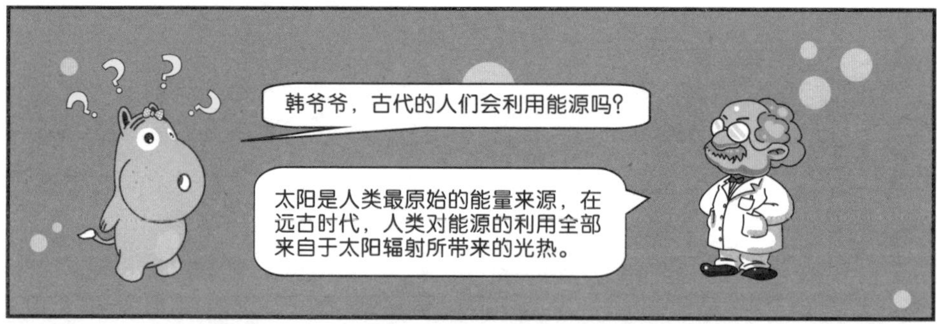
韩爷爷，古代的人们会利用能源吗？
太阳是人类最原始的能量来源，在远古时代，人类对能源的利用全部来自于太阳辐射所带来的光热。

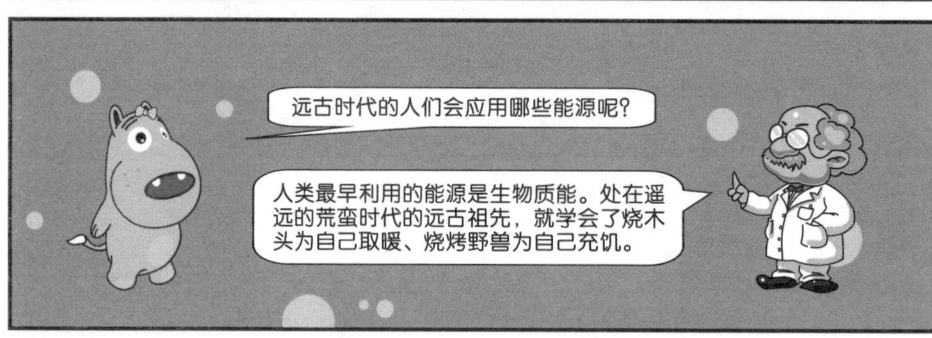
远古时代的人们会应用哪些能源呢？
人类最早利用的能源是生物质能。处在遥远的荒蛮时代的远古祖先，就学会了烧木头为自己取暖、烧烤野兽为自己充饥。

还有其他能源被远古时代的人们利用吗？
例如风能和水能。

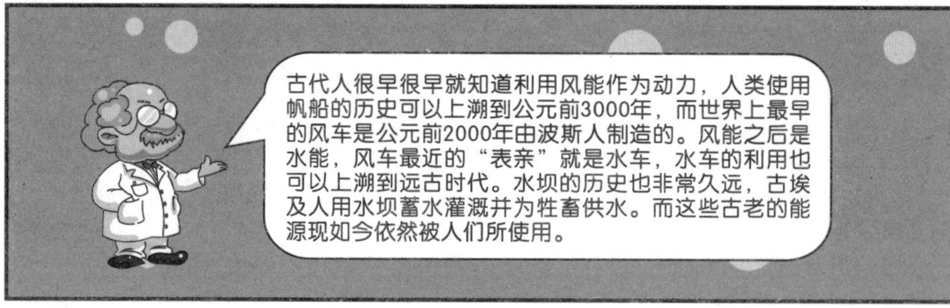
古代人很早很早就知道利用风能作为动力，人类使用帆船的历史可以上溯到公元前3000年，而世界上最早的风车是公元前2000年由波斯人制造的。风能之后是水能，风车最近的“表亲”就是水车，水车的利用也可以上溯到远古时代。水坝的历史也非常久远，古埃及人用水坝蓄水灌溉并为牲畜供水。而这些古老的能源现如今依然被人们所使用。

3 漫长的薪柴时代

韩爷爷，古代的人们学会用火是很了不起的进步吧？
是的。火也是人类掌握的第一项技术，恩格斯在评价火的作用时说：“摩擦生火第一次使人支配了一种自然力，从而最终把人同动物分开。”

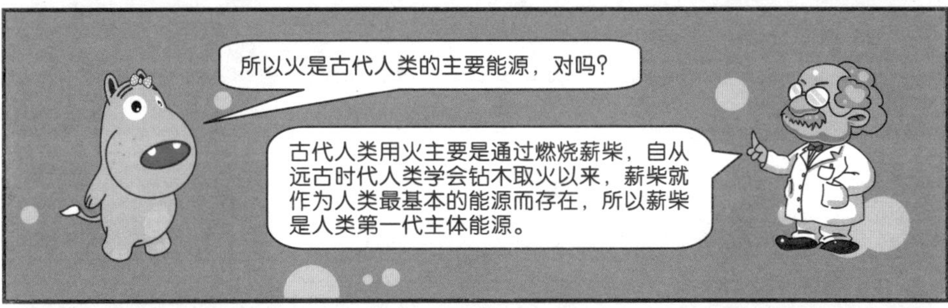
所以火是古代人类的主要能源，对吗？
古代人类用火主要是通过燃烧薪柴，自从远古时代人类学会钻木取火以来，薪柴就作为人类最基本的能源而存在，所以薪柴是人类第一代主体能源。

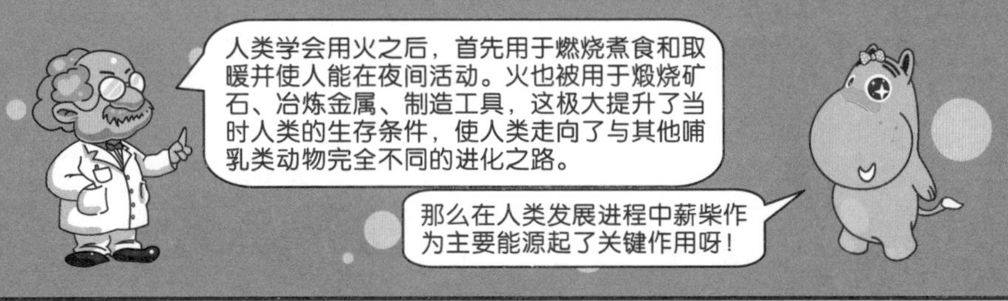
人类学会用火之后，首先用于燃烧煮食和取暖并使人能在夜间活动。火也被用于煅烧矿石、冶炼金属、制造工具，这极大提升了当时人类的生存条件，使人类走向了与其他哺乳类动物完全不同的进化之路。
那么在人类发展进程中薪柴作为主要能源起了关键作用呀！

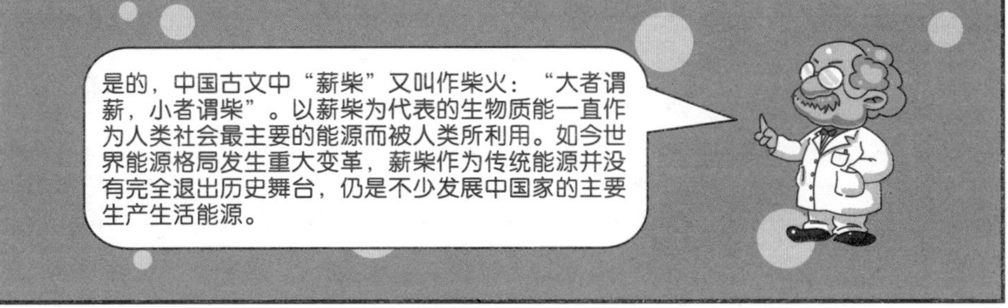
是的，中国古文中“薪柴”又叫作柴火：“大者谓薪，小者谓柴”。以薪柴为代表的生物质能一直作为人类社会最主要的能源而被人类所利用。如今世界能源格局发生重大变革，薪柴作为传统能源并没有完全退出历史舞台，仍是不少发展中国家的主要生产生活能源。

异军突起的煤炭时代

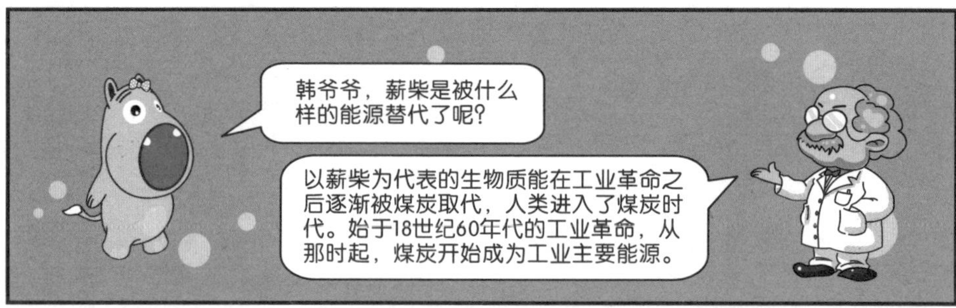
韩爷爷，薪柴是被什么样的能源替代了呢？
以薪柴为代表的生物质能在工业革命之后逐渐被煤炭取代，人类进入了煤炭时代。始于18世纪60年代的工业革命，从那时起，煤炭开始成为工业主要能源。

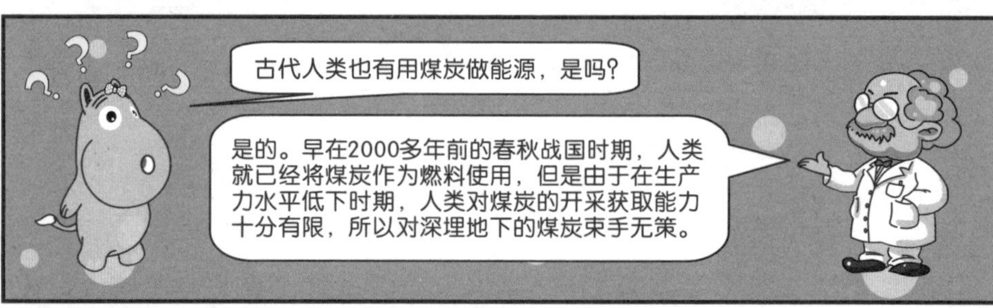
古代人类也有用煤炭做能源，是吗？
是的。早在2000多年前的春秋战国时期，人类就已经将煤炭作为燃料使用，但是由于在生产力水平低下时期，人类对煤炭的开采获取能力十分有限，所以对深埋地下的煤炭束手无策。

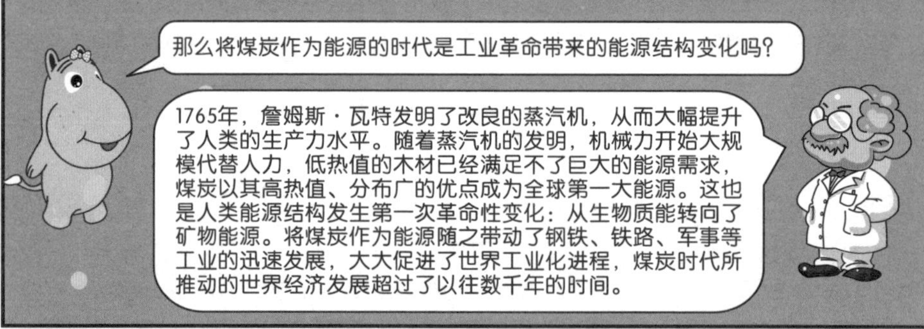
那么将煤炭作为能源的时代是工业革命带来的能源结构变化吗？
1765年，詹姆斯·瓦特发明了改良的蒸汽机，从而大幅提升了人类的生产力水平。随着蒸汽机的发明，机械力开始大规模代替人力，低热值的木材已经满足不了巨大的能源需求，煤炭以其高热值、分布广的优点成为全球第一大能源。这也是人类能源结构发生第一次革命性变化：从生物质能转向了矿物能源。将煤炭作为能源随之带动了钢铁、铁路、军事等工业的迅速发展，大大促进了世界工业化进程，煤炭时代所推动的世界经济发展超过了以往数千年的时间。

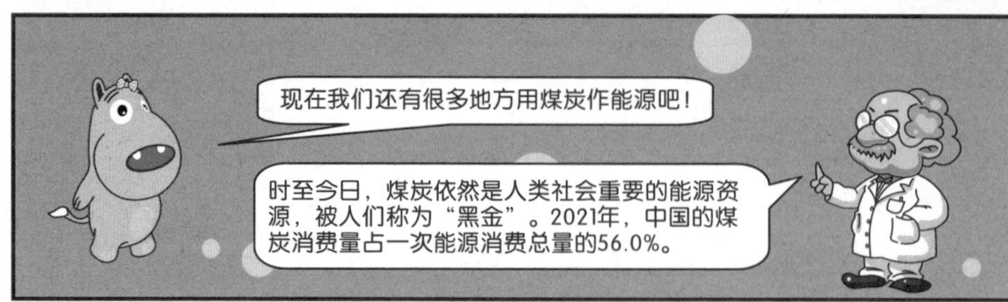
现在我们还有很多地方用煤炭作能源吧！
时至今日，煤炭依然是人类社会重要的能源资源，被人们称为“黑金”。2021年，中国的煤炭消费量占一次能源消费总量的56.0%。

5 日新月异的电力时代

20世纪出现的大规模电力系统是人类工程科学史上最重要的成就之一，是由发电、输电、变电、配电、用电等环节组成的电力生产与消费系统。它将自然界的一次能源通过机械能装置转化成电力，再经输电、变电和配电将电力供应给各用户。

6 全面爆发的石油时代

韩爷爷，石油是怎样成为重要能源的呢？

几千年以来，石油已被人类用于各种用途，但先进的钻井技术、使用内燃机为产品加工和使用汽油发动机等都是始于19世纪，因此人们广泛认为石油时代始于19世纪初。

那时候发生了什么？

1846年，亚伯拉罕·皮诺·格斯纳发现了煤油，将煤和石油变成照明燃料。煤油的发现提高了石油的可用性，并因此增加其需求。

1859年，埃德温·德雷克发明了用于现代深水油井的钻井技术，并促使石油开采业开始蓬勃发展。1885年，卡尔·弗里特立奇·本茨设计和制造了世界上第一辆能实际应用的内燃机发动的汽车，致使石油需求大增。从这一时期起，石油以其更高热值、更易运输等特点，逐渐取代了煤炭第一能源的地位，成为第三代主体能源。

石油是当今世界最重要的能源之一吧，它有什么问题吗？

石油作为一种新兴燃料不仅直接带动了汽车、航空、航海、军工业、重型机械、化工等工业的发展，甚至影响着全球的金融业，人类社会也被飞速推进到现代文明时代。同时，化石燃料大量燃烧也引发了气候变暖、两极冰川融化、极端天气突增等一系列全球性危机。

蓬勃发展的新能源时代

韩爷爷，石油之后人类还会利用什么样的能源呢？

因为石油等化石能源的广泛利用给人类带来发展的同时，也给自然界带来了巨大挑战，造成了全球性危机，所以从20世纪30年代以来，随着科学技术的进步，各类新能源开始投入使用，而化石能源带来的全球性危机，也进一步加快了新能源技术进步和实际应用速度。

哪些能源是新能源呢？

光伏发电、风能、核能，以及可燃冰、氢能等都是新能源，而新能源的快速崛起也被称为第三次能源革命。

比如光伏发电是最具代表性的新能源类型，其资源无限、简便易得、绿色清洁的特点使光伏发电具有其他能源无法比拟的先天优势。而在过去十年间，光伏技术不断迭代升级，光伏发电成本迅速下降，在不久的未来，光伏发电在全球绝大部分地区将会成为最经济的电力能源。

未来应该是新能源时代了！

是的。现在优先发展非化石能源、实现碳中和已经成为中国能源发展顶层设计的一部分。长期来看，光伏和风电等将成为我国非化石能源发展的主力。

传统能源与新能源

韩爷爷，您能跟我说说哪些是新能源，哪些不是吗？
能源的种类很多，我们按使用类型对能源进行分类，可以把能源分为传统能源和新能源。

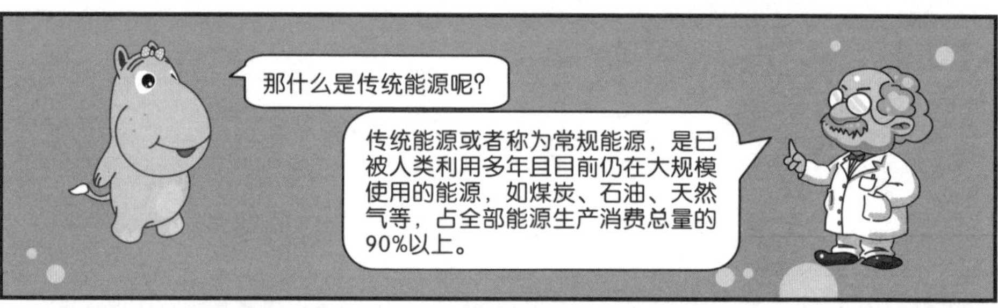
那什么是传统能源呢？
传统能源或者称为常规能源，是已被人类利用多年且目前仍在大规模使用的能源，如煤炭、石油、天然气等，占全部能源生产消费总量的90%以上。

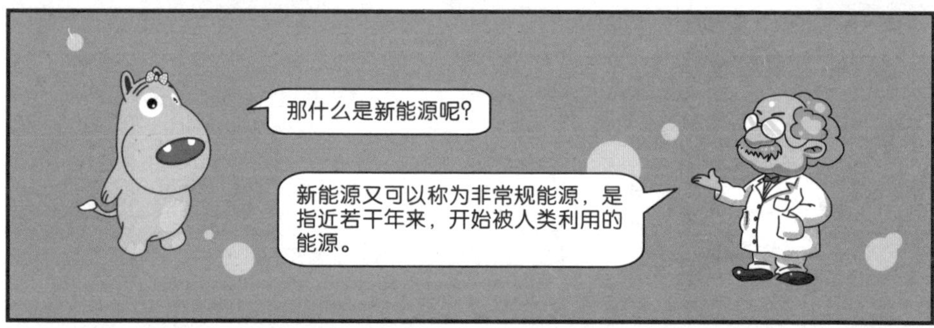
那什么是新能源呢？
新能源又可以称为非常规能源，是指近若干年来，开始被人类利用的能源。

如太阳能、核能或过去已被利用而现在又有了新的利用方式的能源，如风能、水能、生物质能等能源。

9 可再生能源与非再生能源

一次能源与二次能源

韩爷爷，还有一种说法是一次能源和二次能源，这又是怎么回事呢？

我们按能源获得的方式对能源进行分类，可以把能源分为一次能源和二次能源。

什么是一次能源呢？

一次能源也可以称为天然能源，是指直接取自自然界而不改变其形态的能源，例如泥煤、褐煤、烟煤、无烟煤、石油、天然气、植物秸秆、水能、风能、太阳能、地热能、核能、海洋能等，它们都是一次能源。

一次能源又可以分为可再生能源（如太阳能、水能、风能、地热能、海洋能、生物质能等）和非再生能源（如煤炭、石油、天然气等）。其中，煤炭、石油和天然气三种能源是一次能源的核心，是全球能源的基础。

那什么是二次能源呢？

二次能源也被称为人工能源，是指一次能源经人为加工成另一种形态的能源。例如汽油、水电、蒸汽、煤气、焦炭、沼气等。二次能源又可分为过程性能源和含能体能源。目前，电能就是应用最广泛的过程性能源，而柴油、汽油是应用较为广泛的含能体能源。

11 清洁能源与非清洁能源

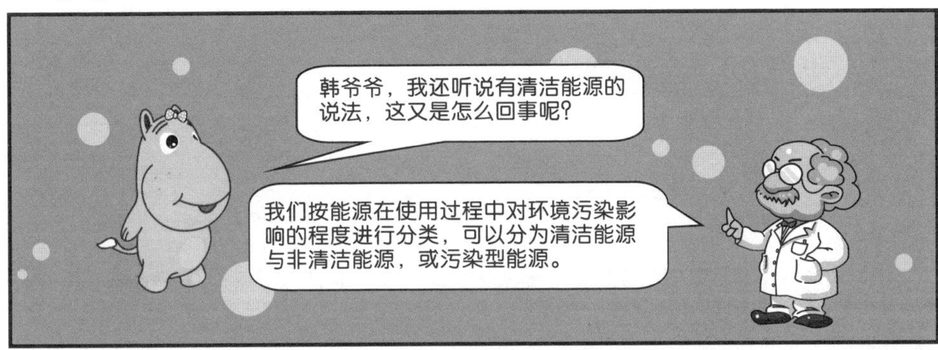

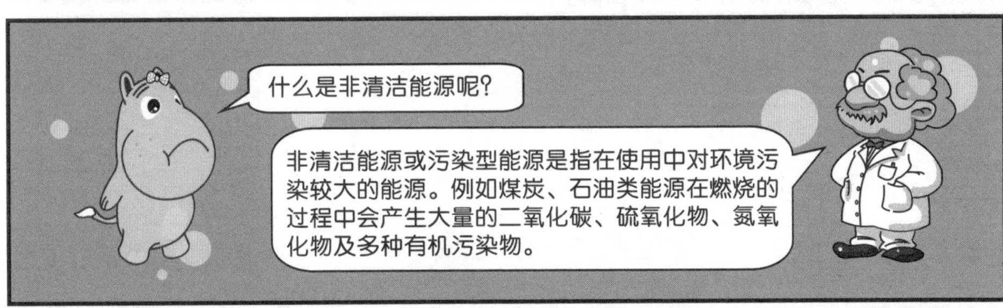

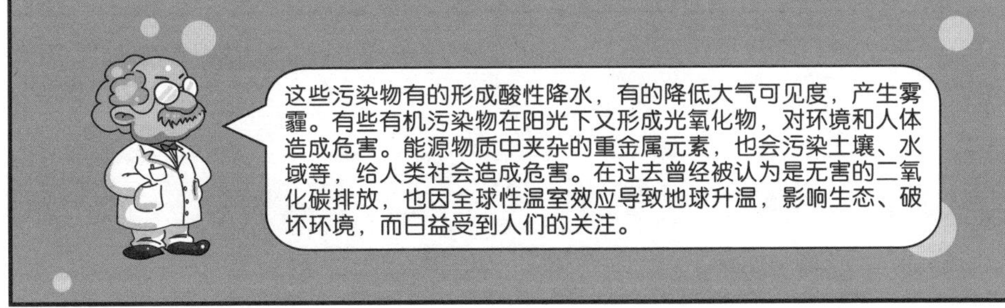

地球上的能源来自哪里？

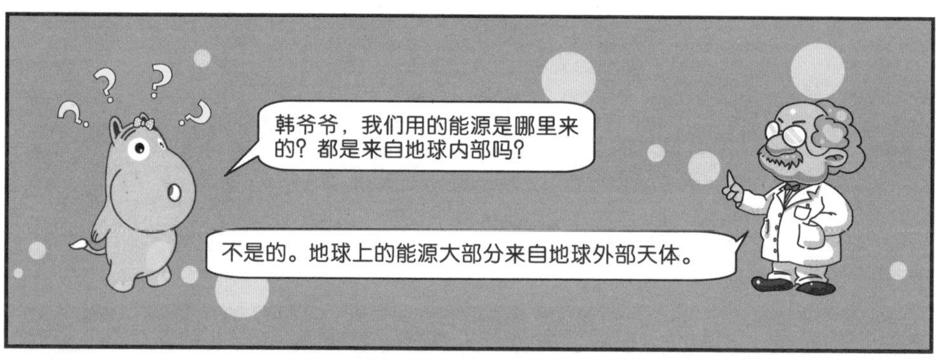
韩爷爷，我们用的能源是哪里来的？都是来自地球内部吗？
不是的。地球上的能源大部分来自地球外部天体。

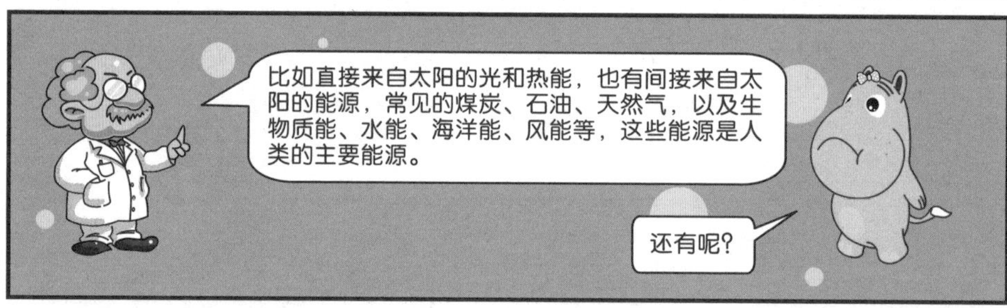
比如直接来自太阳的光和热能，也有间接来自太阳的能源，常见的煤炭、石油、天然气，以及生物质能、水能、海洋能、风能等，这些能源是人类的主要能源。
还有呢？

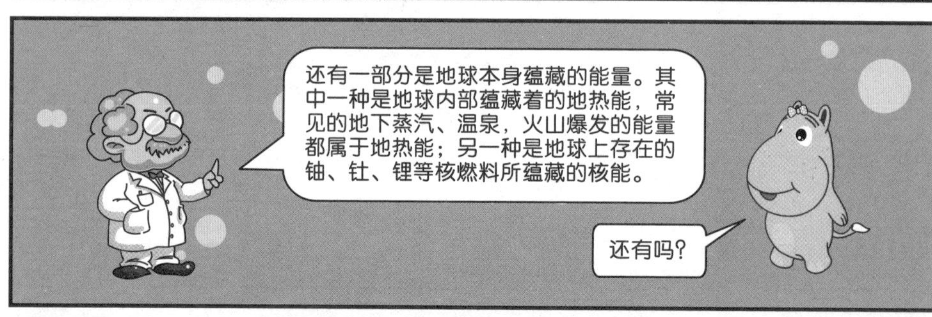
还有一部分是地球本身蕴藏的能量。其中一种是地球内部蕴藏着的地热能，常见的地下蒸汽、温泉，火山爆发的能量都属于地热能；另一种是地球上存在的铀、钍、锂等核燃料所蕴藏的核能。
还有吗？

还有一些能源来自于地球和其他天体相互作用而产生的能量，例如太阳、月亮等星球对大海的引潮力所产生的涨潮和落潮，蕴藏着巨大的潮汐能。
哇，太神奇了！

13 新能源的特点

新能源如太阳能、风能、地热能、氢能等，普遍具有的优点包括：一是资源丰富，普遍具备可再生特性，可供人类永续利用；二是不含碳或含碳量很少，对环境影响小；三是分布广，有利于小规模分散利用。

新能源有什么缺点呢？

一是新能源的能量密度低，其开发利用需要较大空间；二是新能源往往是间断式供应，其波动性大，对持续供能不利；三是除水电以外，新能源的开发利用成本较化石能源高，需要开发更加先进的技术。

不管是哪一种新能源，人们都希望它们可以迅速替代传统能源，新能源的开发技术还需要人们去做更积极的努力。

分布式能源系统

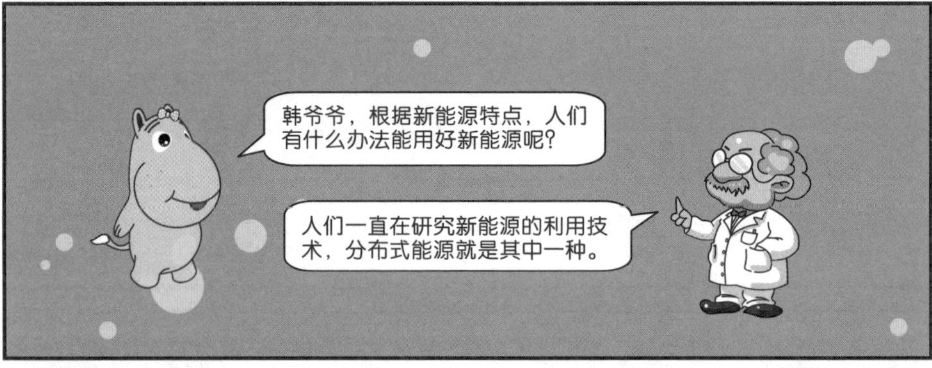

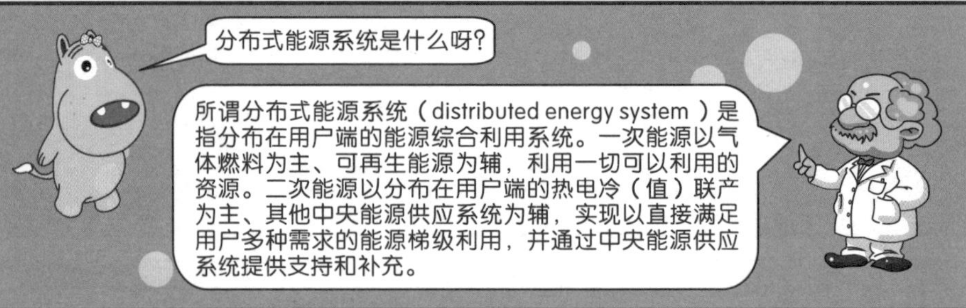

在环境保护上，将部分污染分散化、资源化，争取实现适度排放的目标；在能源的输送和利用上分片布置，减少长距离输送能源的损失，有效地提高了能源利用的安全性和灵活性。

分布式能源有什么优点呢？

分布式能源是一种建在用户端的能源供应方式，可独立运行，也可并网运行，是以资源、环境效益最大化确定方式和容量的系统，将用户多种能源需求，以及资源配置状况进行系统整合优化，采用需求应对式设计和模块化配置，是相对于集中供能的分散式供能方式。

15 分布式能源系统的类型

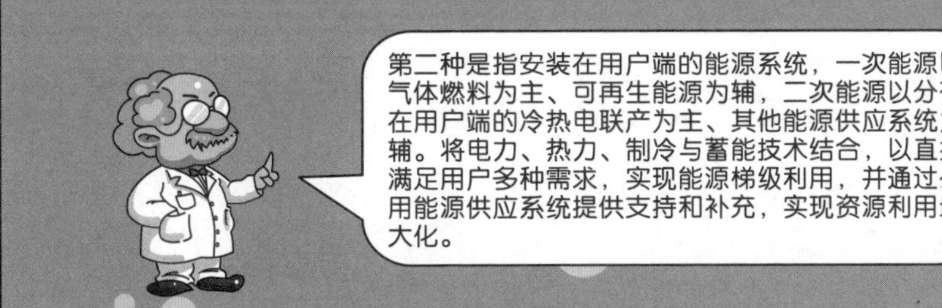

全世界的分布式能源

韩爷爷，世界各国是不是都在研究和利用分布式能源呢？

从全世界范围来看，能源利用率越高、环境保护越好的国家，对发展分布式能源技术的推广应用就越热衷，支持政策也越明确。

都有哪些国家开展分布式能源利用呢？

如丹麦、荷兰、日本对分布式电源都采取了一系列鼓励政策。在“9·11”事件后，出于供电安全的考虑，发达国家都加快了分布式电源建设的步伐，21世纪初英国已有1000多座分布式电源站，美国有6000多座分布式电源站，仅大学校园就有200多座分布式电源站。

在众多国家中，丹麦是世界上公认的能源利用效率最高的国家。其奥妙就在于丹麦积极发展冷热电联产，提倡科学用能，扶持分布式能源。自1990年以来，丹麦大型凝汽车发电厂容量没有增加，新增电力主要依靠安装在用户侧的、特别是工业用户和小型区域化的分布式能源电站（热电站）和可再生能源项目。

2013年以来，丹麦没有一个火电厂不供热，也没有一个供热锅炉房不发电，将冷、热、电产品的分别生成，变成高科技的冷热电联产，使科技进步变成真正的生产力。

17 碳达峰与碳中和

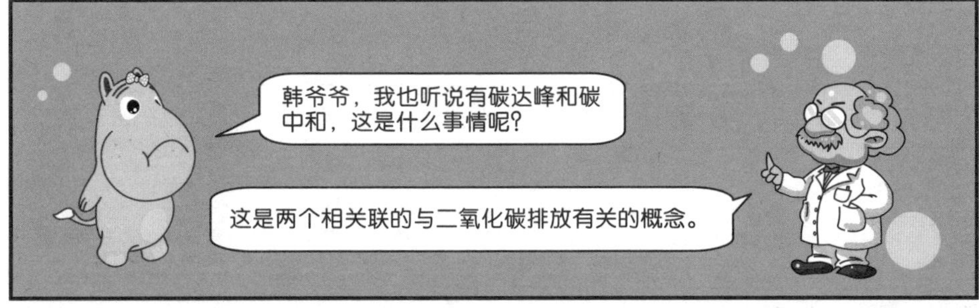
韩爷爷，我也听说有碳达峰和碳中和，这是什么事情呢？
这是两个相关联的与二氧化碳排放有关的概念。

碳达峰是指某个地区或行业的年度二氧化碳排放量达到历史最高值，然后经历平台期进入持续下降的过程，是二氧化碳排放量由增转降的历史拐点，标志着碳排放与经济发展实现脱钩，达峰目标包括达峰年份和峰值。

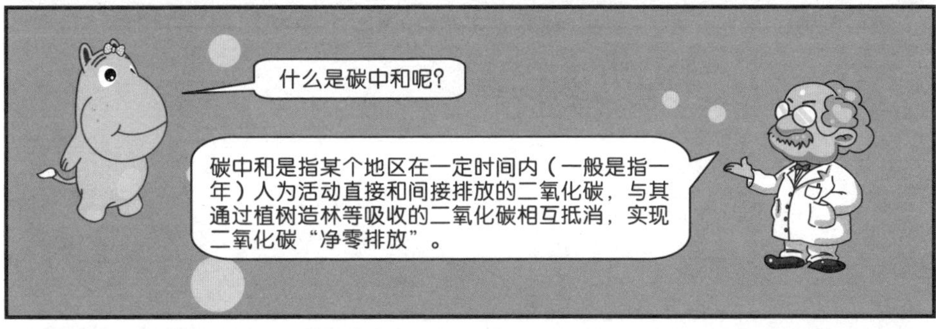
什么是碳中和呢？
碳中和是指某个地区在一定时间内（一般是指一年）人为活动直接和间接排放的二氧化碳，与其通过植树造林等吸收的二氧化碳相互抵消，实现二氧化碳“净零排放”。

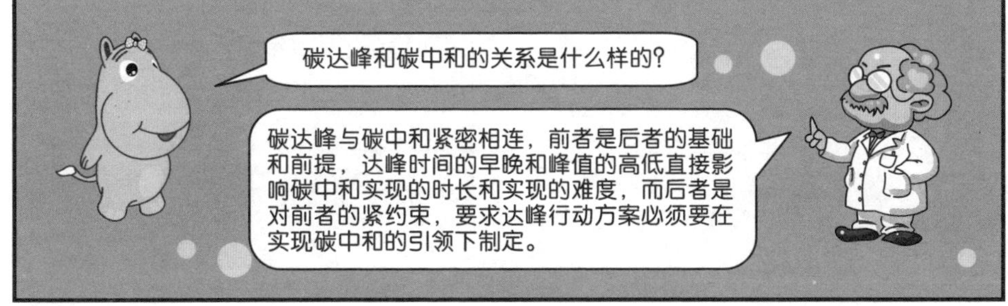
碳达峰和碳中和的关系是什么样的？
碳达峰与碳中和紧密相连，前者是后者的基础和前提，达峰时间的早晚和峰值的高低直接影响碳中和实现的时长和实现的难度，而后者是对前者的紧约束，要求达峰行动方案必须要在实现碳中和的引领下制定。

18 温室效应与减碳

韩爷爷，为什么人类要做减碳这件事呢？

二氧化碳属于温室气体，一旦超出大气标准，便会造成温室效应。它会在地面上方的大气层中形成一个“罩”，使地面散发出来的热量不能更好地扩散，造成温度的上升，这就是温室效应。

温室效应对人类生存环境有很大的危害吗？

是的。但在过去很长一段时间里，人们根本意识不到它的危害而导致二氧化碳长期过量排放。

现在南北极已经出现了小部分的冰雪融化现象，还有部分地区的冬天已经不像以前那样寒冷了，均温可以达到15摄氏度，人们依然可以穿着轻薄的衣服。

如果这样下去，当南北极的冰雪全融化的话，海平面就会比现在升高大约50米，许多沿海地区就会被淹没。你想想有多少个城市会受到威胁，后果将不堪设想！

为此，我们必须减碳！

19 中国的减碳路线

对于全人类共同的任务，中国应该怎么做呀？
2020年9月，中国在联合国大会上提出中国的减碳目标：我国力争2030年前实现碳达峰，2060年前实现碳中和。

即我国承诺2030年前，二氧化碳的排放不再增长，达到峰值之后逐步降低，并通过植树造林、节能减排等形式，以抵消自身产生的二氧化碳排放量，到2060年实现深度脱碳，达到二氧化碳“净零排放”，实现碳中和。

这个目标很了不起呀！
是的。实现碳中和是我国贯彻新发展理念，推动高质量发展的必然要求。

我国对全世界宣布碳中和目标，一方面响应《巴黎协定》约定，积极应对气候变化，彰显了大国的责任和担当，另一方面在实现能源结构重构、推动产业经济重塑、形成高新技术优势、推动可持续发展方面具有高瞻远瞩的战略意义。

实现碳中和带来的社会生活新变化

最重要的应该是能源结构发生变化，比如风能、太阳能、水能、生物质能等清洁能源将成为主要的能源来源，预计未来化石能源占比将大幅度下降；在投资就业方面，重污染的落后产能退出、低碳产业蓬勃发展；可再生能源行业就业机会大量涌现，可再生能源相关技术创新投资比重提升。

还有其他方面吗?

再比如在交通出行方面：新能源汽车将成为我们日常地面交通的主要工具；智慧交通全面普及，解决城市道路拥挤问题；全面使用氢能等解决航空运输问题。

还有在生态环境方面：空气质量显著改善，雾霾不再肆虐；植被覆盖扩大，森林碳汇大幅提升，全国森林覆盖率最大可达到28%；生物多样性提升，人与自然和谐相处。

哇，真是一个美好的未来世界，我好向往!

21 绿色建筑的概念

韩爷爷，为了实现碳中和大家都得有节能环保的理念吧！

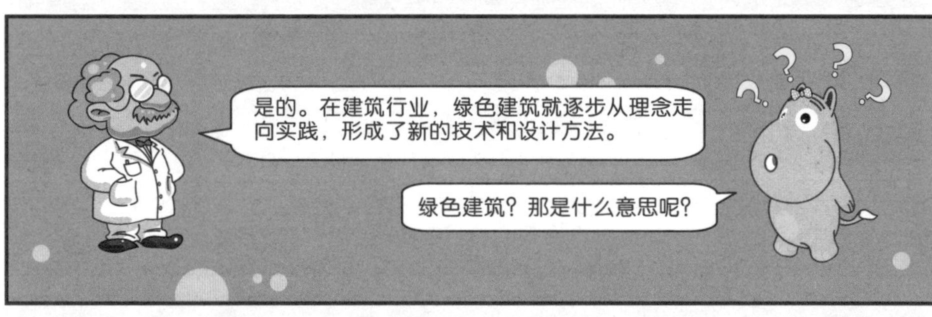
是的。在建筑行业，绿色建筑就逐步从理念走向实践，形成了新的技术和设计方法。
绿色建筑？那是什么意思呢？

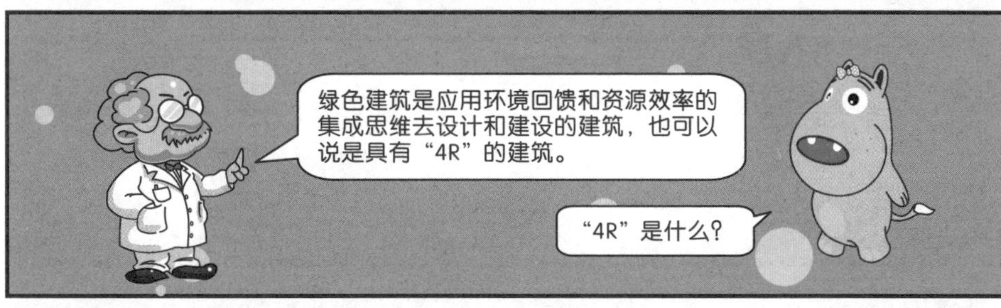
绿色建筑是应用环境回馈和资源效率的集成思维去设计和建设的建筑，也可以说是具有“4R”的建筑。
“4R”是什么？

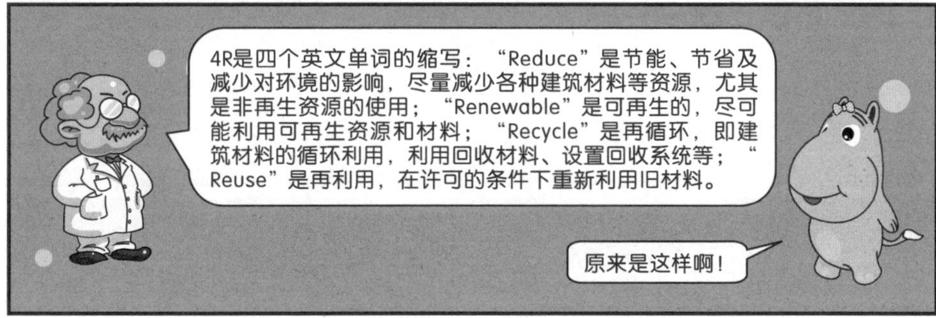
4R是四个英文单词的缩写：“Reduce”是节能、节省及减少对环境的影响，尽量减少各种建筑材料等资源，尤其是非再生资源的使用；“Renewable”是可再生的，尽可能利用可再生资源和材料；“Recycle”是再循环，即建筑材料的循环利用，利用回收材料、设置回收系统等；“Reuse”是再利用，在许可的条件下重新利用旧材料。
原来是这样啊！

22 节能建筑的设计

您说的绿色建筑的理念真好，在我们日常的建筑中能够体现吗？

现在许多建筑在设计时都强调节能设计，而且对节能建筑也有设计的标准。

那什么样的建筑是节能建筑呢？

节能建筑的主要指标有：建筑规划和平面布局要有利于自然通风，绿化率不低于35%；建筑间距应保证每户至少有一个居住空间在大寒日能获得满窗日照2小时等。

为了实现节能建筑的设计，设计师们会对建筑的整体能量平衡系统进行设计，用计算机软件系统对建筑的室内外热工环境、能量平衡进行模拟计算。

一方面需要调动一切技术构造手段，实现低能耗、减少污染并可持续性发展的目标；另一方面还需要深入研究室内热工环境（光、声、热、气流等）和人体工程学（人体对环境生理、心理的反应），创造健康舒适而高效的居住环境。

23 绿色建材

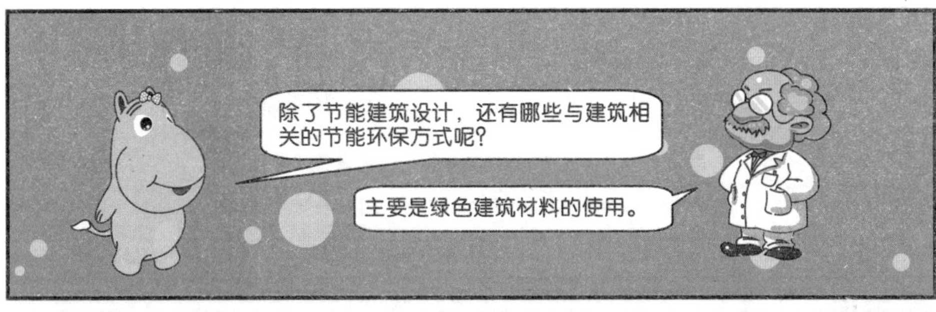
除了节能建筑设计，还有哪些与建筑相关的节能环保方式呢?
主要是绿色建筑材料的使用。

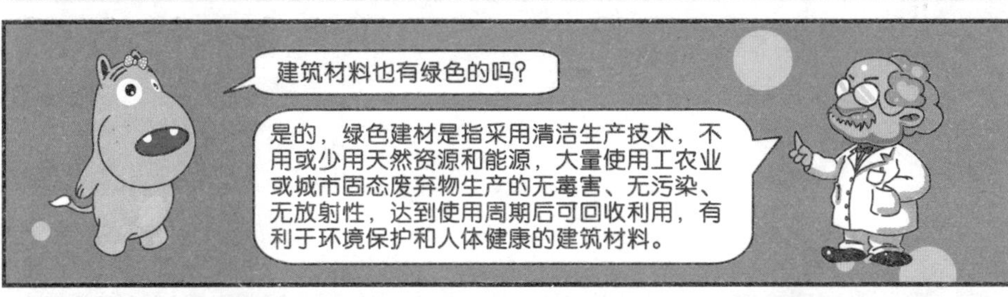
建筑材料也有绿色的吗?
是的，绿色建材是指采用清洁生产技术，不用或少用天然资源和能源，大量使用工农业或城市固态废弃物生产的无毒害、无污染、无放射性，达到使用周期后可回收利用，有利于环境保护和人体健康的建筑材料。

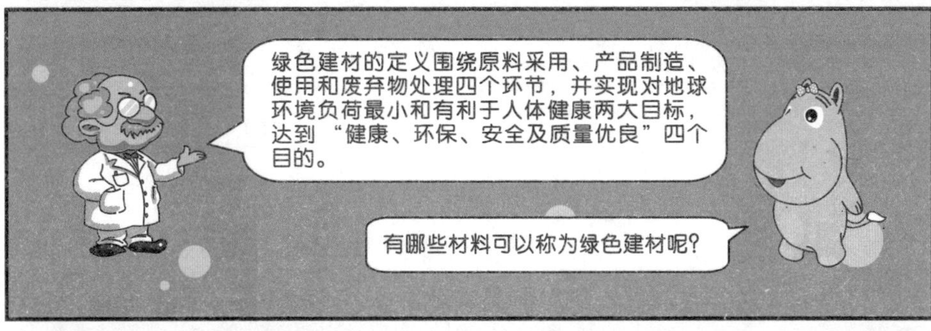
绿色建材的定义围绕原料采用、产品制造、使用和废弃物处理四个环节，并实现对地球环境负荷最小和有利于人体健康两大目标，达到“健康、环保、安全及质量优良”四个目的。
有哪些材料可以称为绿色建材呢?

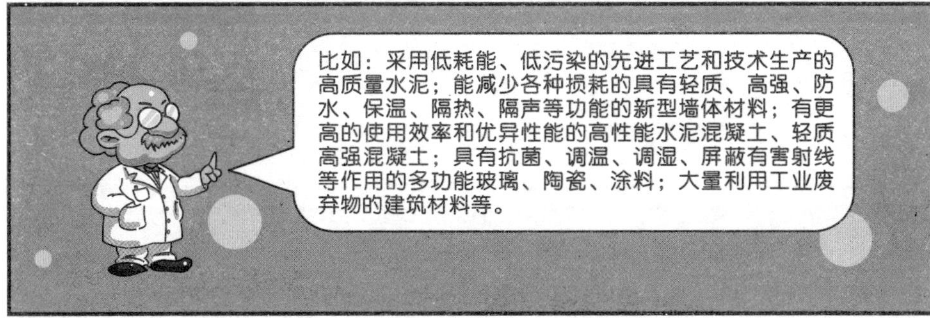
比如：采用低耗能、低污染的先进工艺和技术生产的高质量水泥；能减少各种损耗的具有轻质、高强、防水、保温、隔热、隔声等功能的新型墙体材料；有更高的使用效率和优异性能的高性能水泥混凝土、轻质高强混凝土；具有抗菌、调温、调湿、屏蔽有害射线等作用的多功能玻璃、陶瓷、涂料；大量利用工业废弃物的建筑材料等。

24 绿色出行

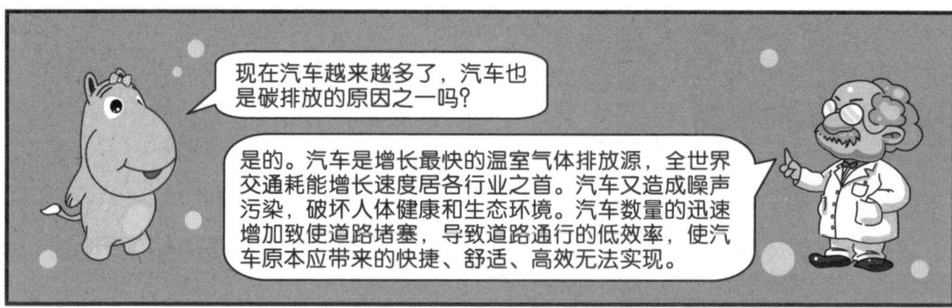
现在汽车越来越多了，汽车也是碳排放的原因之一吗？
是的。汽车是增长最快的温室气体排放源，全世界交通耗能增长速度居各行业之首。汽车又造成噪声污染，破坏人体健康和生态环境。汽车数量的迅速增加致使道路堵塞，导致道路通行的低效率，使汽车原本应带来的快捷、舒适、高效无法实现。

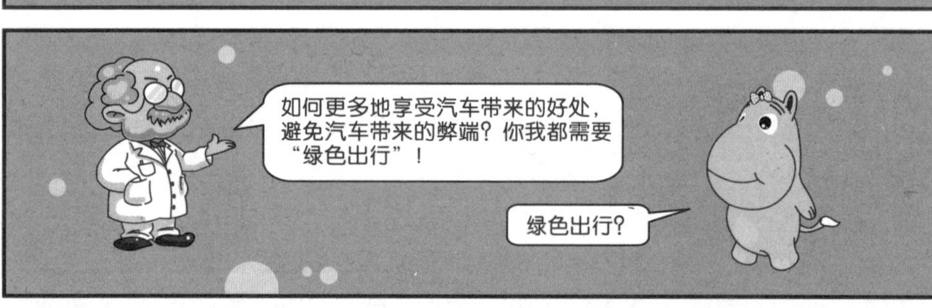
如何更多地享受汽车带来的好处，避免汽车带来的弊端？你我都需要“绿色出行”！
绿色出行？

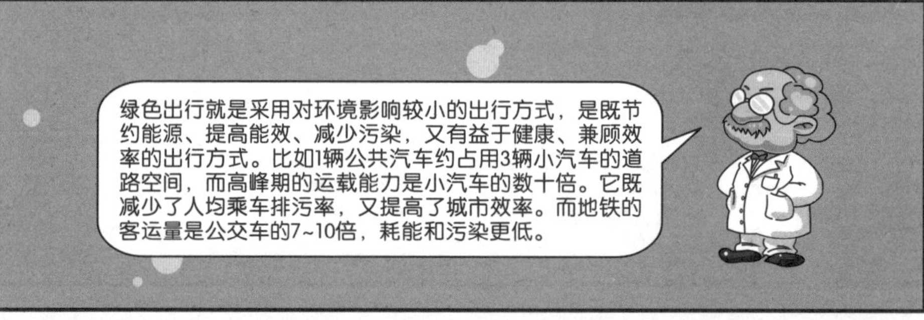
绿色出行就是采用对环境影响较小的出行方式，是既节约能源、提高能效、减少污染，又有益于健康、兼顾效率的出行方式。比如1辆公共汽车约占用3辆小汽车的道路空间，而高峰期的运载能力是小汽车的数十倍。它既减少了人均乘车排污率，又提高了城市效率。而地铁的客运量是公交车的7~10倍，耗能和污染更低。

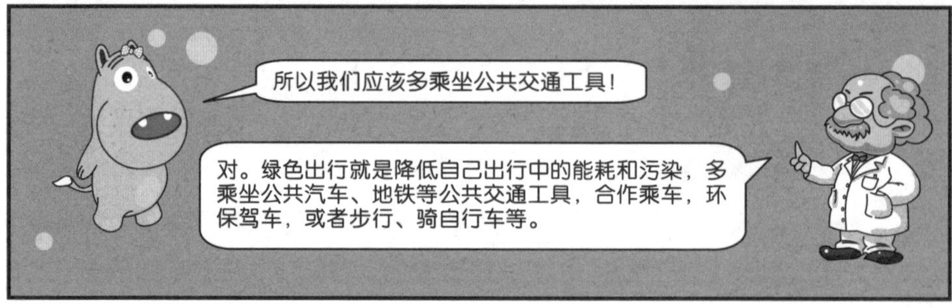
所以我们应该多乘坐公共交通工具！
对。绿色出行就是降低自己出行中的能耗和污染，多乘坐公共汽车、地铁等公共交通工具，合作乘车，环保驾车，或者步行、骑自行车等。

世界无车日

“世界无车日”诞生于法国，1998年9月22日，法国35个城市的市民自愿在这一天弃用私家车。一年后的同一天，66个法国城市和92个意大利城市参加了第一届“无车日”活动。2000年，法国首创的“无车日”倡议被纳入欧盟的环保政策框架内。2001年9月22日，希腊和葡萄牙同欧盟大多数成员国一起，举办了都市“无车日”活动。

2002年9月16日至22日，欧盟举行欧洲环境保护周，环保活动包括各种环保展览、公共交通日、自行车日、街道生活日等。欧盟15个成员国和其他22个欧洲国家的1300多个城市参加了这次活动。2001年成都成为中国第一个举办“无车日”活动的城市。

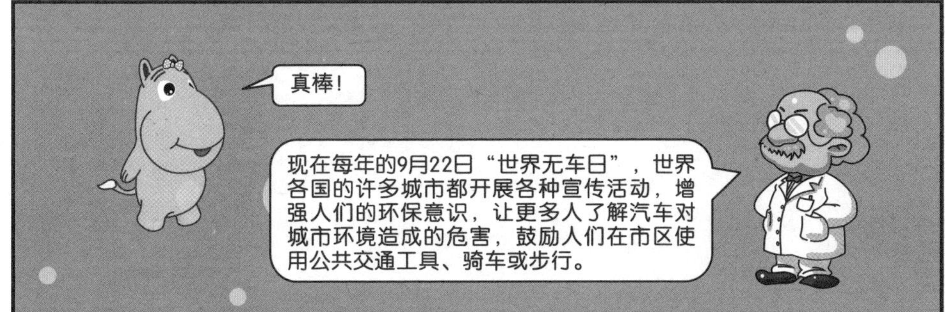

节能减碳从我做起

韩爷爷，我们普通人也可以为实现碳中和做贡献吗？

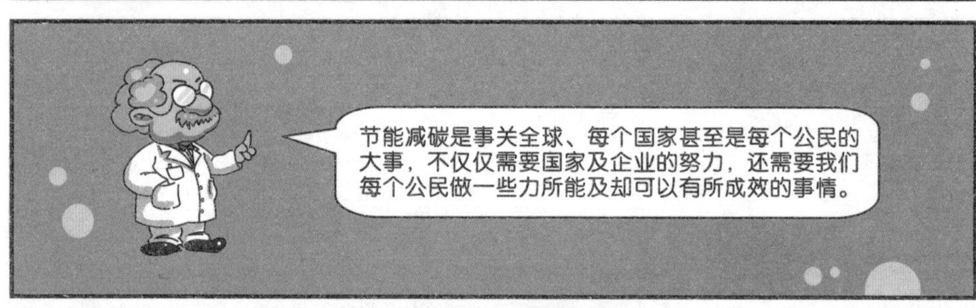
节能减碳是事关全球、每个国家甚至是每个公民的大事，不仅仅需要国家及企业的努力，还需要我们每个公民做一些力所能及却可以有所成效的事情。

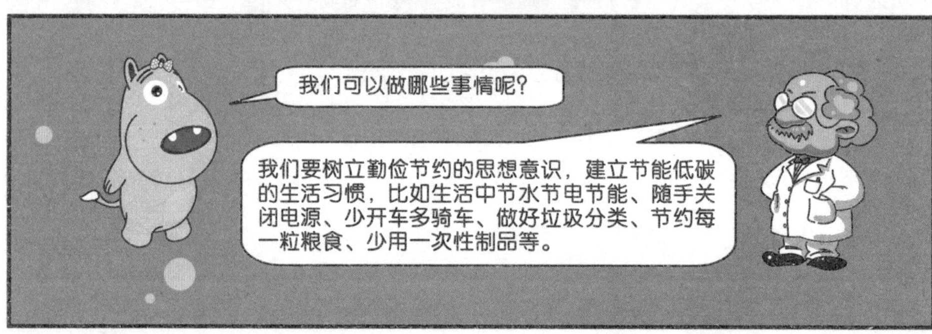
我们可以做哪些事情呢？
我们要树立勤俭节约的思想意识，建立节能低碳的生活习惯，比如生活中节水节电节能、随手关闭电源、少开车多骑车、做好垃圾分类、节约每一粒粮食、少用一次性制品等。

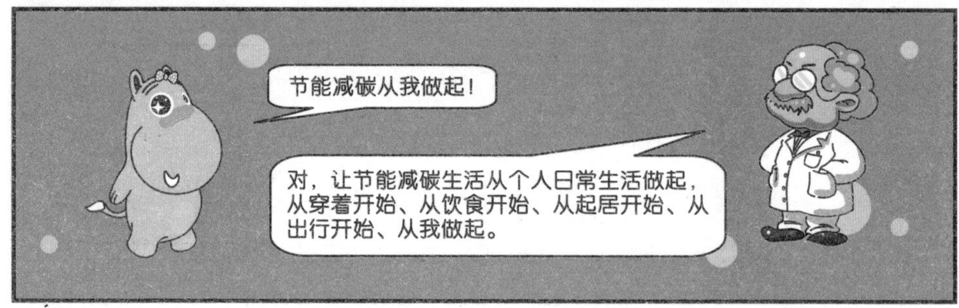
节能减碳从我做起！
对，让节能减碳生活从个人日常生活做起，从穿着开始、从饮食开始、从起居开始、从出行开始、从我做起。

第二章 太阳能

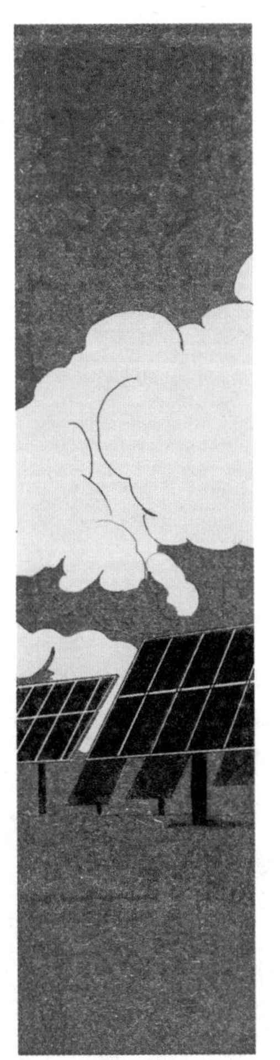

1 什么是太阳能？

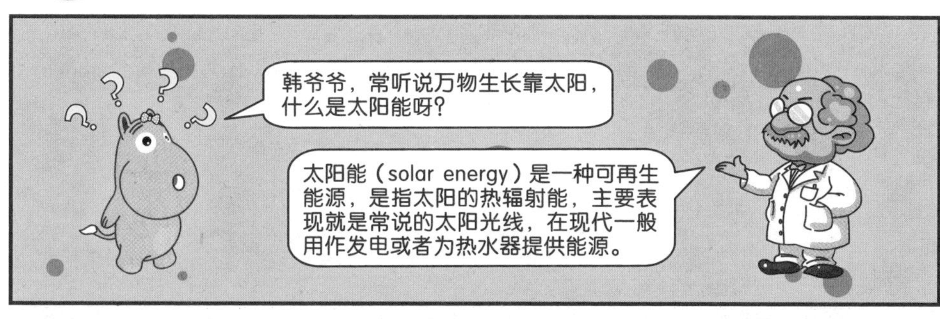
韩爷爷，常听说万物生长靠太阳，什么是太阳能呀？
太阳能（solar energy）是一种可再生能源，是指太阳的热辐射能，主要表现就是常说的太阳光线，在现代一般用作发电或者为热水器提供能源。

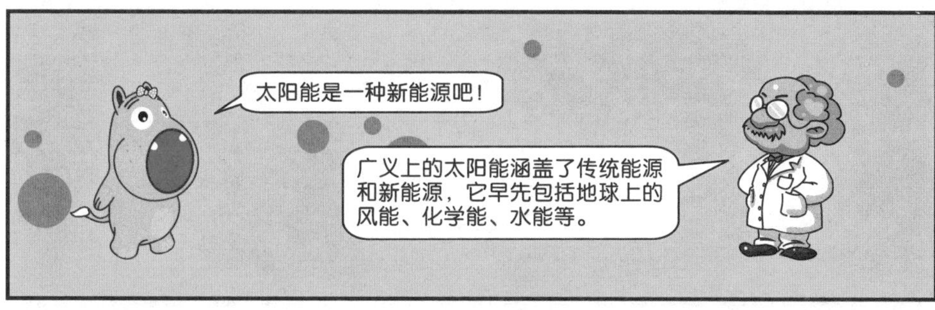
太阳能是一种新能源吧！
广义上的太阳能涵盖了传统能源和新能源，它早先包括地球上的风能、化学能、水能等。

自地球上生命诞生以来，就主要以太阳提供的热辐射能生存，而自古人类也懂得以阳光晒干物件，并作为制作食物的方法，如制盐、晒咸鱼等。

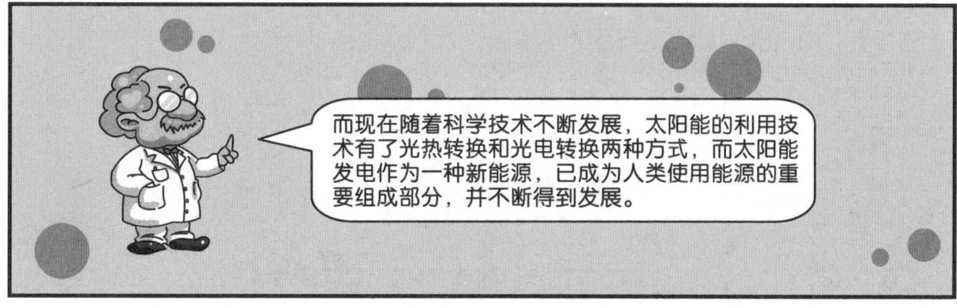
而现在随着科学技术不断发展，太阳能的利用技术有了光热转换和光电转换两种方式，而太阳能发电作为一种新能源，已成为人类使用能源的重要组成部分，并不断得到发展。

太阳能哪里来

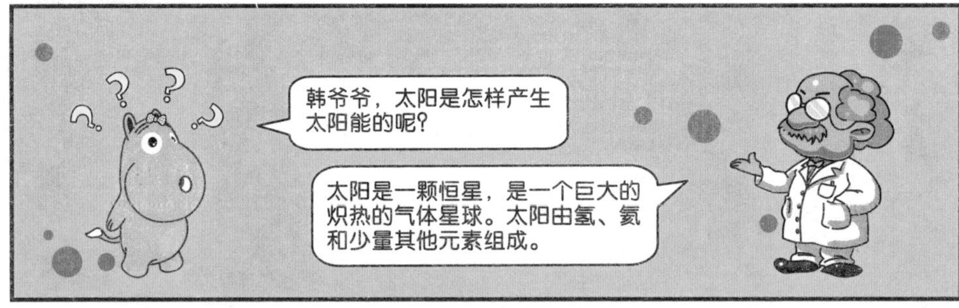
韩爷爷，太阳是怎样产生太阳能的呢？
太阳是一颗恒星，是一个巨大的炽热的气体星球。太阳由氢、氦和少量其他元素组成。

太阳的表面温度非常高，可达大约5500摄氏度，而太阳中心温度高达大约2000万摄氏度，太阳中心压强也有大约540亿兆帕。

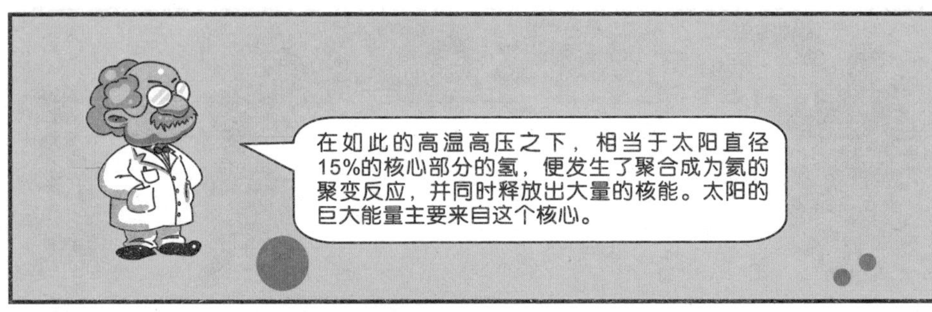
在如此的高温高压之下，相当于太阳直径15%的核心部分的氢，便发生了聚合成为氦的聚变反应，并同时释放出大量的核能。太阳的巨大能量主要来自这个核心。

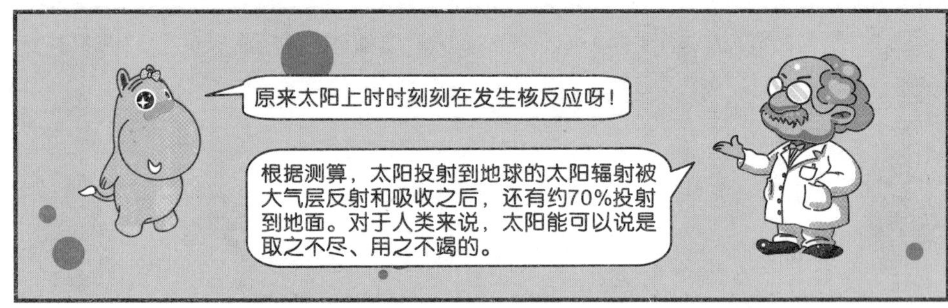
原来太阳上时时刻刻在发生核反应呀！
根据测算，太阳投射到地球的太阳辐射被大气层反射和吸收之后，还有约70%投射到地面。对于人类来说，太阳能可以说是取之不尽、用之不竭的。

3 地球上每个地方的太阳能的量都是一样的吗？

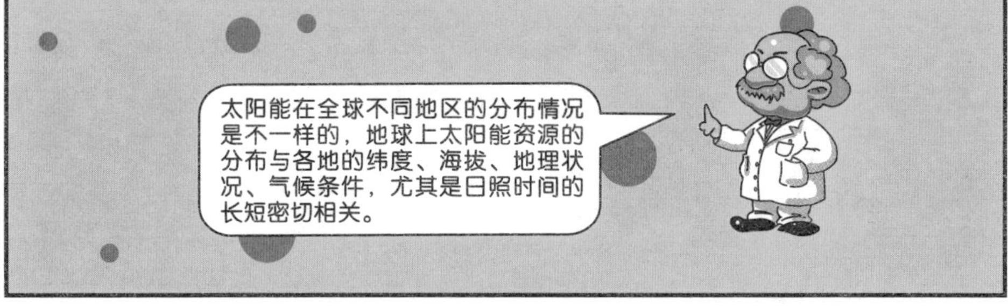

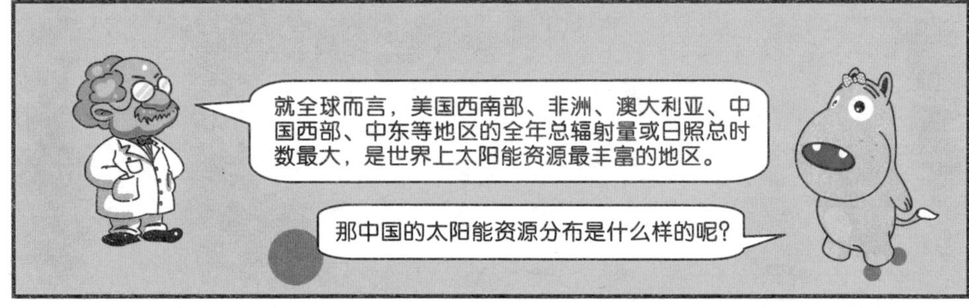

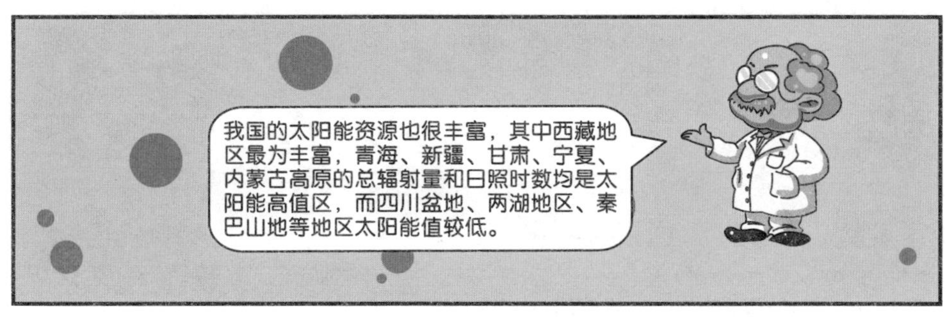

太阳能利用的方式

韩爷爷，太阳能是怎样被地球利用的呢？

一种是太阳能的间接利用。太阳不断向宇宙空间辐射能量，而其中一小部分到达地球。这部分太阳能使地球的空气运动形成风，我们古老的风车就是利用这部分能量，使大地和海水变热形成水汽，以雨雪等形式又回到大地；阳光通过光合作用被植物、微生物吸收，这些或者被直接作为燃料利用，或者作为人们和动物的食物被利用，或者被古代生物吸收并最终以煤、石油等形式存储起来。

还有直接利用？

在现代科技的支持下，人们直接利用太阳辐射的能量，大致可分为热利用和光利用两个方面。

什么是热利用？

热利用主要有太阳能热发电。太阳能热发电主要是依靠太阳能集热器把收集到的太阳辐射能发送至接收器，产生热空气或热蒸汽，然后用传统的电力循环来产生电能。

那什么是光利用呢？

太阳能的光利用就是利用光生伏打效应（简称光伏效应），将太阳光的辐射直接转变为电能，例如太阳能电池就是一种利用光伏效应将光能转换成电力的器件。

5 光伏效应

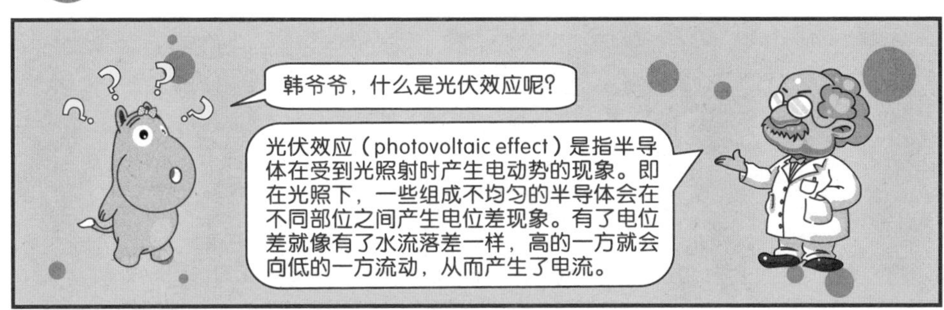
韩爷爷，什么是光伏效应呢？
光伏效应（photovoltaic effect）是指半导体在受到光照射时产生电动势的现象。即在光照下，一些组成不均匀的半导体会在不同部位之间产生电位差现象。有了电位差就像有了水流落差一样，高的一方就会向低的一方流动，从而产生了电流。

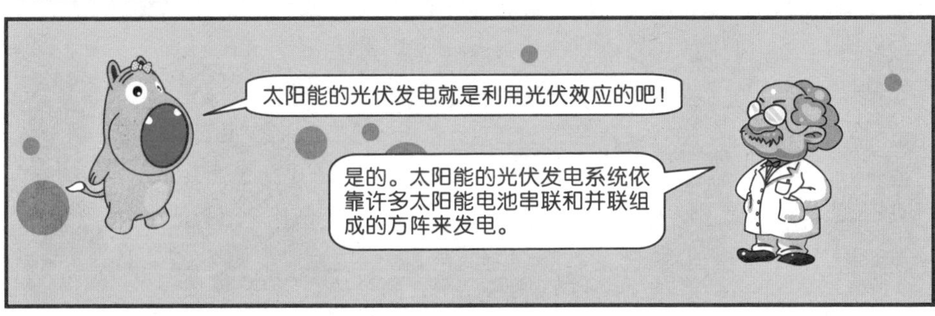
太阳能的光伏发电就是利用光伏效应的吧！
是的。太阳能的光伏发电系统依靠许多太阳能电池串联和并联组成的方阵来发电。

光伏板组件是一种暴露在阳光下便会产生直流电的发电装置，由几乎全部以半导体物料（如硅）制成的固体光伏电池组成。

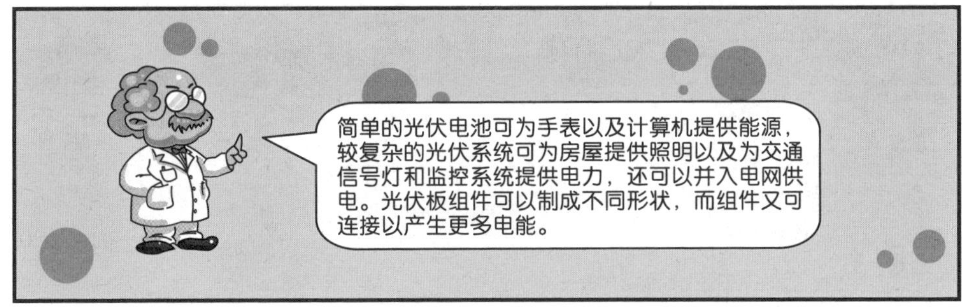
简单的光伏电池可为手表以及计算机提供能源，较复杂的光伏系统可为房屋提供照明以及为交通信号灯和监控系统提供电力，还可以并入电网供电。光伏板组件可以制成不同形状，而组件又可连接以产生更多电能。

6 太阳能光伏发电

韩爷爷，什么是太阳能光发电？它有哪些种类呢？
太阳能光发电是指无须通过热过程直接将光能转变为电能的发电方式。它包括光伏发电、光化学发电、光感应发电和光生物发电四种类型。
目前最主要的利用类型是哪一种呢？
是光伏发电。

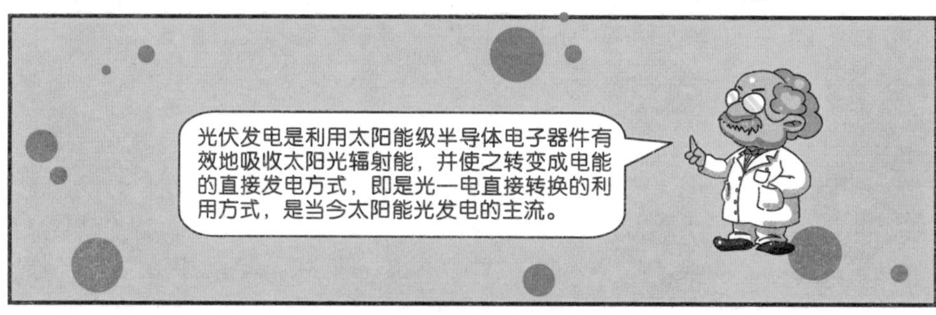
光伏发电是利用太阳能级半导体电子器件有效地吸收太阳光辐射能，并使之转变成电能的直接发电方式，即是光一电直接转换的利用方式，是当今太阳能光发电的主流。

在光化学发电中有电化学光伏电池、光电解电池和光催化电池，目前得到实际应用的是电化学光伏电池。

 光伏发电系统

韩爷爷，您再给我讲讲光伏发电吧，
那是一种什么神奇的技术呢？

光伏发电是利用半导体界面
的光生伏打效应将光能直接
转变为电能的一种技术。

光伏发电系统主要由太阳能电池、蓄电
池、控制器和逆变器四大部分组成，主
要部件由电子元器件构成。太阳能电池
经过串联后进行封装保护可形成大面积
的太阳电池组件，再配合功率控制器等
部件就形成了光伏发电装置。

那光伏发电系统最关键的东西是什么呢？

太阳能电池是光伏发电系统的关键部分，
太阳能电池板的质量和成本将直接决定整
个系统的质量和成本。

太阳能电池主要分为晶硅电池和薄膜电池两类，晶硅
电池包括单晶硅太阳能电池、多晶硅太阳能电池和非
晶硅太阳能电池，薄膜电池主要包括硅基薄膜电池、
铜铟镓硒薄膜电池和碲化镉薄膜电池。

 太阳能电池

您能讲讲光伏发电系统最关键的太阳能电池是什么吗?

太阳能电池板是太阳能发电系统中的核心部分，太阳能电池板的作用是将太阳的光能转化为电能后，输出直流电存入蓄电池中。

太阳能电池板是太阳能发电系统中最重要的部件之一，其转换率的高低和使用寿命的长短是决定太阳能电池是否具有使用价值的重要因素。

那太阳能电池板是什么材料做的呢?

大部分太阳能电池板的主要材料为“硅”，按国际电工委员会IEC 1215:1993标准，一般太阳能电池组采用36片或72片多晶硅太阳能电池进行串联以形成12伏特和24伏特各种类型的组件，可用于各种户用光伏系统、独立光伏电站、并网光伏电站等。

但是因其制作成本较高，以致太阳能电池使用受到局限。但相对于普通电池和可循环充电电池来说，太阳能电池属于更节能环保的绿色产品，所以需要大力提高生产技术降低其制作成本。

9 晶硅电池和薄膜电池

您之前讲过太阳能电池分为晶硅电池和薄膜电池，您能具体讲讲吗？
单晶硅太阳能电池的光电转换效率为15%左右，最高可达23%，在太阳能电池中光电转换效率最高，但其制造成本高。单晶硅太阳能电池的使用寿命一般可达15年，最高可达25年。

多晶硅太阳能电池的光电转换效率为14%~16%，其制作成本低于单晶硅太阳能电池，因此得到大量发展，但多晶硅太阳能电池的使用寿命要比单晶硅太阳能电池短。

那薄膜电池呢？
薄膜电池是用硅、硫化镉、砷化镓等薄膜为基体材料的太阳能电池。薄膜电池可以使用质轻、价低的基底材料（如玻璃、塑料、陶瓷等）来制造，形成可产生电压的薄膜，其厚度不到1微米，便于运输和安装。

然而，沉淀在异质基底上的薄膜会产生一些缺陷，转换效率不够高，电池的寿命不够长，因此解决这些问题需要大量的研发投入。

10 非晶硅太阳能电池

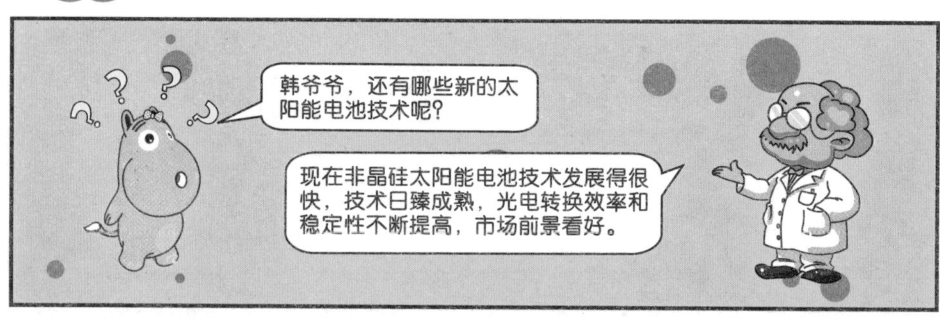
韩爷爷，还有哪些新的太阳能电池技术呢？
现在非晶硅太阳能电池技术发展得很快，技术日臻成熟，光电转换效率和稳定性不断提高，市场前景看好。

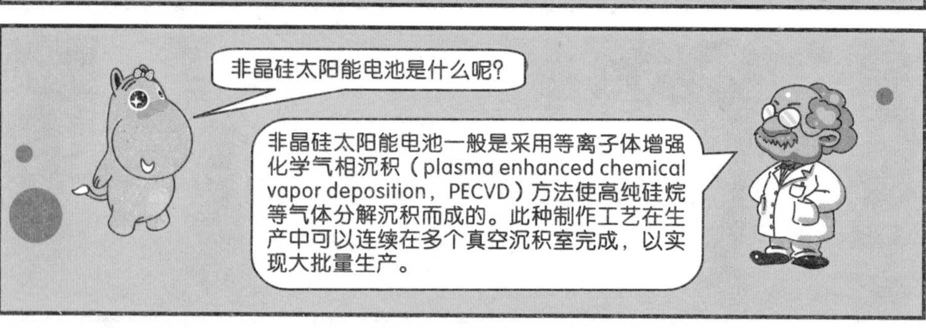
非晶硅太阳能电池是什么呢？
非晶硅太阳能电池一般是采用等离子体增强化学气相沉积（plasma enhanced chemical vapor deposition，PECVD）方法使高纯硅烷等气体分解沉积而成的。此种制作工艺在生产中可以连续在多个真空沉积室完成，以实现大批量生产。

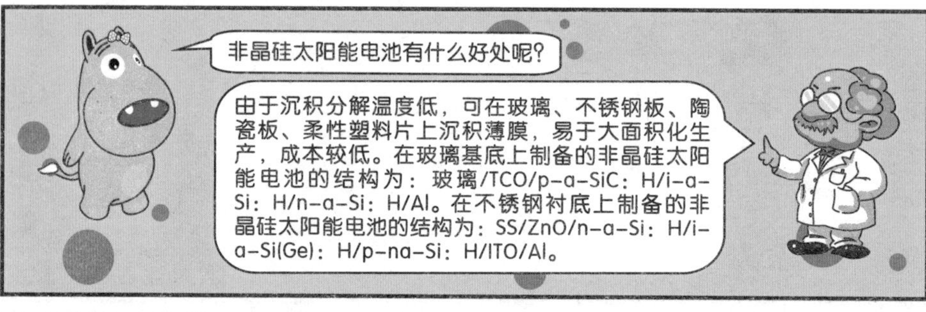
非晶硅太阳能电池有什么好处呢？
由于沉积分解温度低，可在玻璃、不锈钢板、陶瓷板、柔性塑料片上沉积薄膜，易于大面积化生产，成本较低。在玻璃基底上制备的非晶硅太阳能电池的结构为：玻璃/TCO/p-a-SiC：H/i-a-Si：H/n-a-Si：H/Al。在不锈钢衬底上制备的非晶硅太阳能电池的结构为：SS/ZnO/n-a-Si：H/i-a-Si(Ge)：H/p-na-Si：H/ITO/Al。

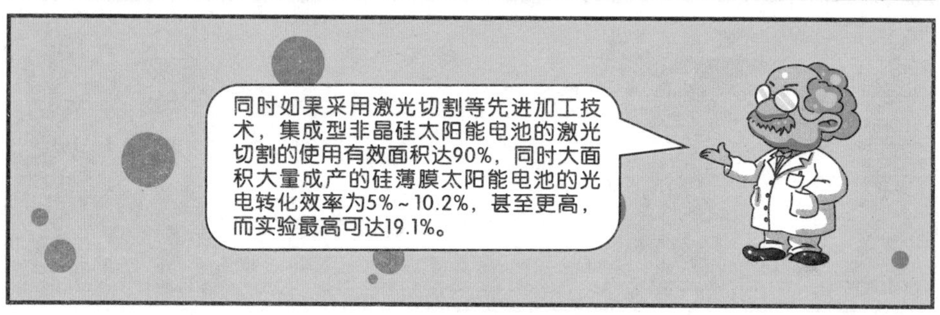
同时如果采用激光切割等先进加工技术，集成型非晶硅太阳能电池的激光切割的使用有效面积达90%，同时大面积大量成产的硅薄膜太阳能电池的光电转化效率为5%～10.2%，甚至更高，而实验最高可达19.1%。

太阳能热发电

韩爷爷，什么是太阳能热发电？

通过水或其他工质和装置将太阳辐射能转换为电能的发电方式，被称为太阳能热发电。简单来说就是先将太阳能转化为热能，再将热能转化成电能。

哦，就是太阳能—热能—电能这样的转换呀！那么该怎么转换呢？

它有两种转化方式：一种是将太阳热能直接转化成电能，如半导体或金属材料的温差发电，真空器件中的热电子和热电离子发电，碱金属热电转换，以及磁流体发电等。

另一种方式是将太阳热能通过热机（如汽轮机）带动发电机发电，与常规热力发电类似，只不过其热能不是来自燃料，而是来自太阳能。

太阳能热发电系统有哪些呢？

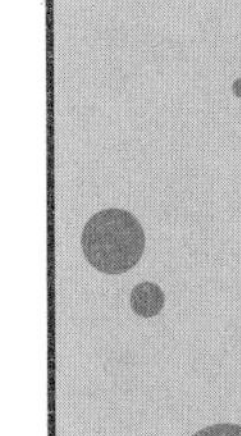

太阳能热发电系统的类型比较多，主要有以下五种：塔式系统、槽式系统、盘式系统、太阳池和太阳能塔热气流发电。前三种是聚光型太阳能热发电系统，后两种是非聚光型太阳能热发电系统。

不同的太阳能热发电系统

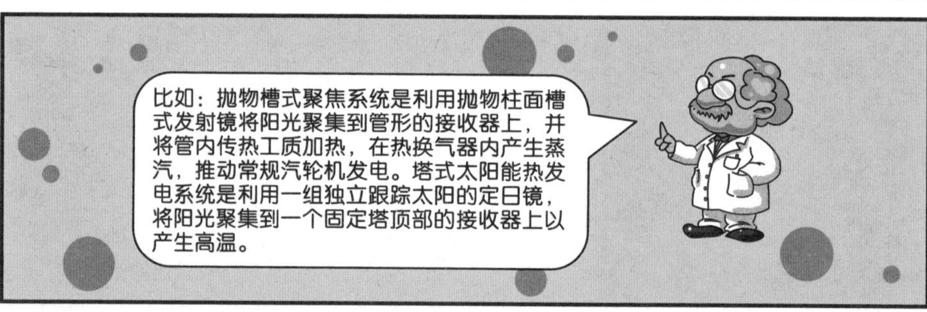

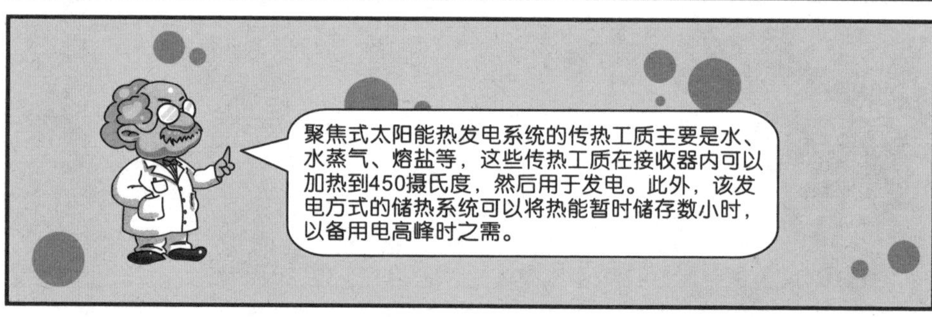

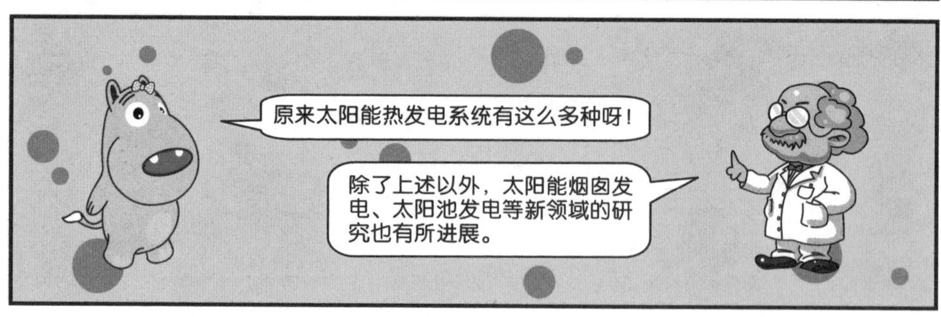

13 我国的第一台大功率太阳炉

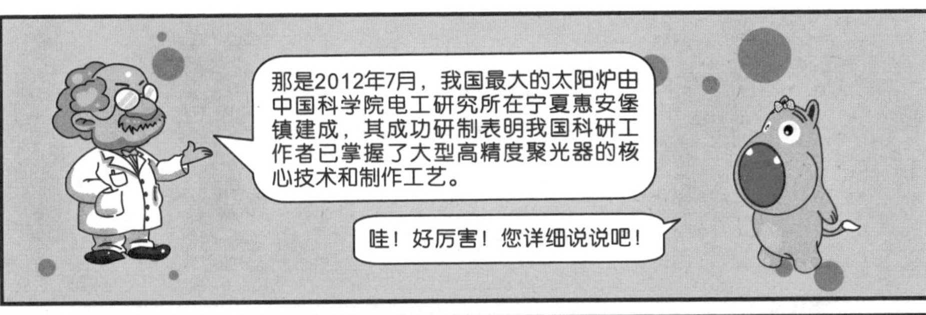

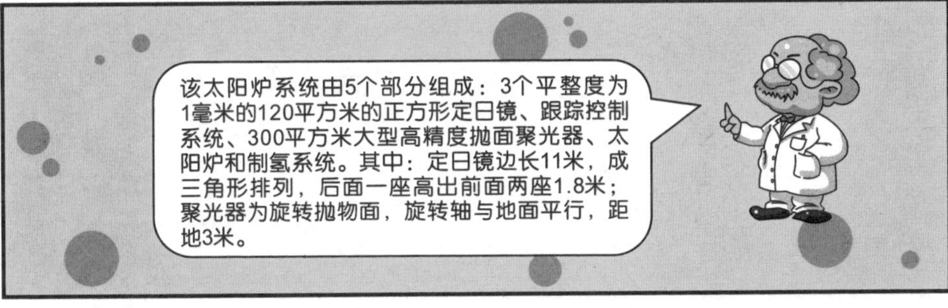

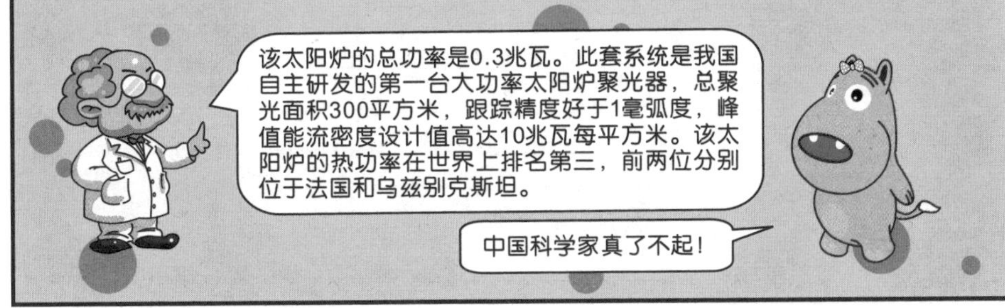

太阳能技术研究发展过程

韩爷爷，太阳能直接利用的技术是不是很早就开始研究了？

是的。在1945年到1965年第二次世界大战结束后的约20年中，一些有远见的人士已经注意到石油和天然气资源正在迅速减少，呼吁人们重视这一问题，从而逐渐推动了太阳能研究工作。

这段时间成立了一些太阳能学术组织，举办了不少学术交流和展览会，兴起了太阳能研究热潮。1945年，美国贝尔实验室研制成实用型硅太阳能电池；1952年，法国国家科学研究中心在比利牛斯山东部建成一座功率为50千瓦的太阳炉……

看来太阳能技术会有很好的发展了！

其实不然。在1965以后到1973年这一阶段，太阳能的研究工作停滞不前，主要原因是太阳能利用技术处于成长阶段，尚不成熟，并且投资大、效果不理想，难以与常规能源竞争，因此得不到公众、企业和政府的重视和支持。

后来随着20世纪70年代世界石油危机爆发，世界各国又开始加强太阳能研究工作。但各国制订的太阳能发展计划，普遍对实施过程中的困难估计不足，导致实施陷入困境。

原来是这样啊！

15 中国太阳能技术研究兴起

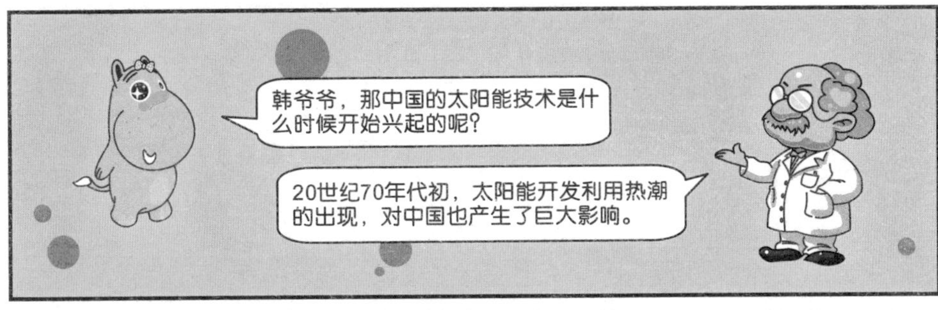

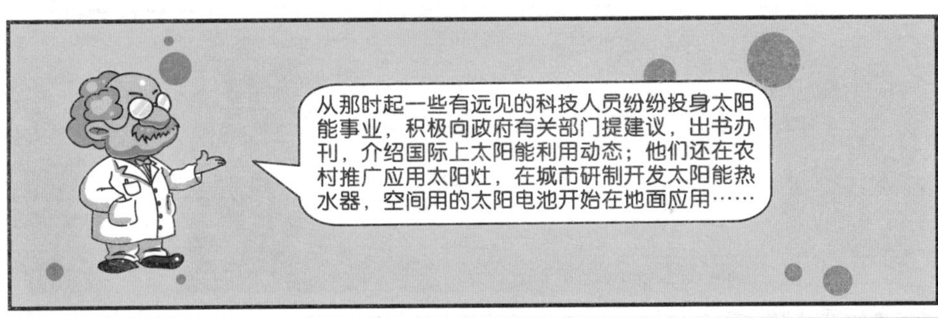

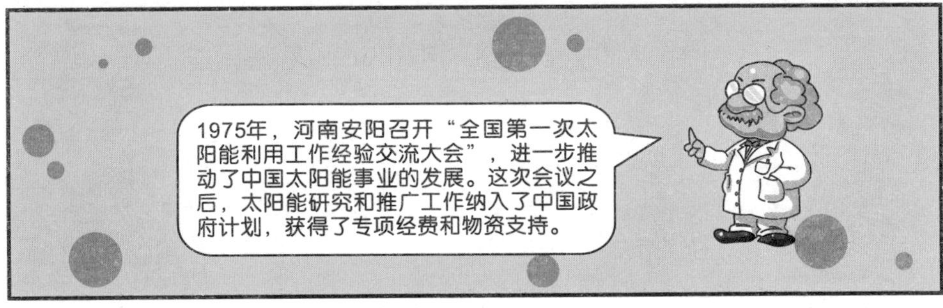

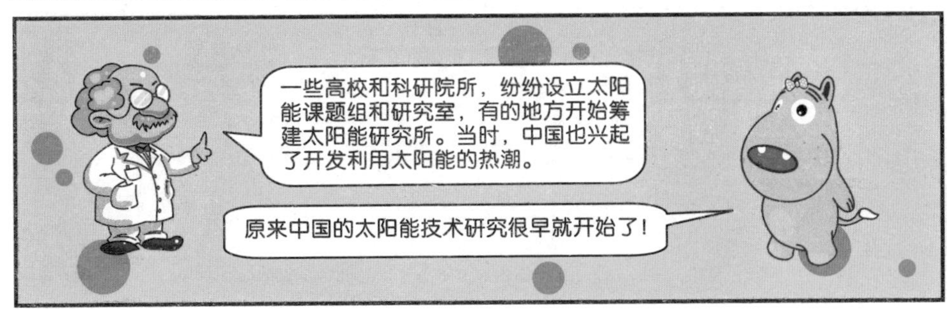

16 中国太阳能利用的黄金时代

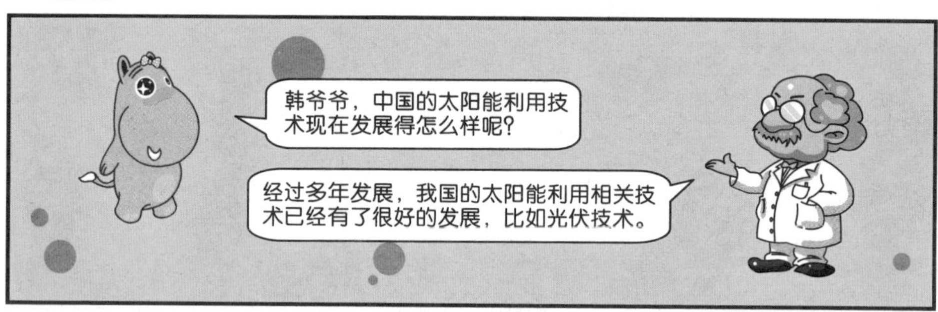

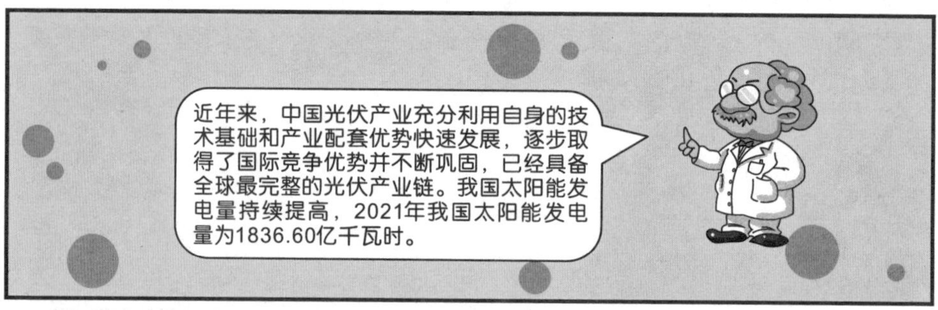

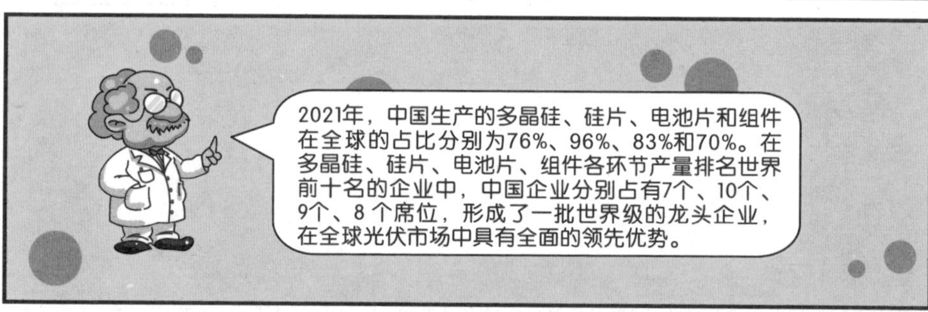

可以做饭的太阳灶

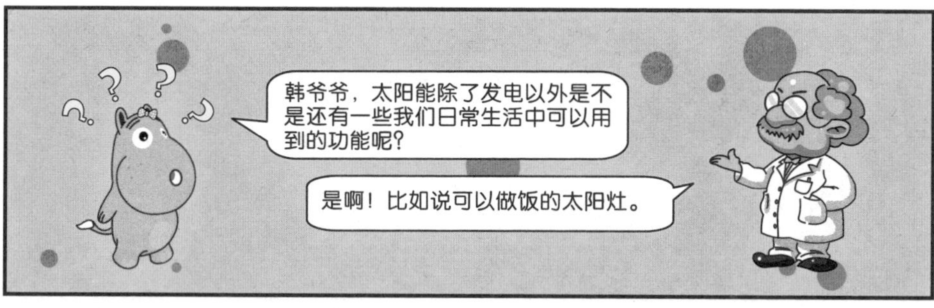
韩爷爷，太阳能除了发电以外是不是还有一些我们日常生活中可以用到的功能呢？
是啊！比如说可以做饭的太阳灶。

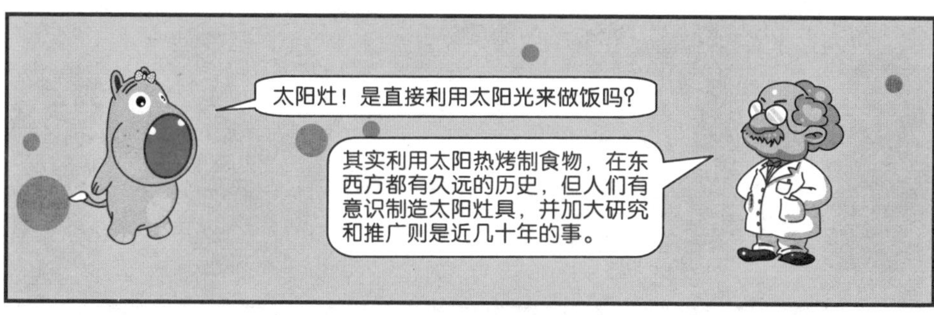
太阳灶！是直接利用太阳光来做饭吗？
其实利用太阳热烤制食物，在东西方都有久远的历史，但人们有意识制造太阳灶具，并加大研究和推广则是近几十年的事。

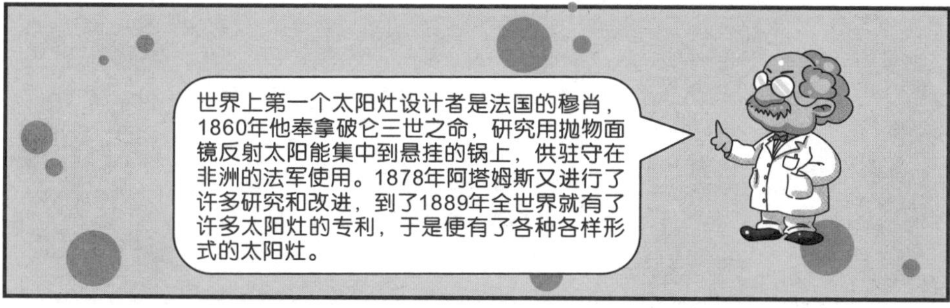
世界上第一个太阳灶设计者是法国的穆肖，1860年他奉拿破仑三世之命，研究用抛物面镜反射太阳能集中到悬挂的锅上，供驻守在非洲的法军使用。1878年阿塔姆斯又进行了许多研究和改进，到了1889年全世界就有了许多太阳灶的专利，于是便有了各种各样形式的太阳灶。

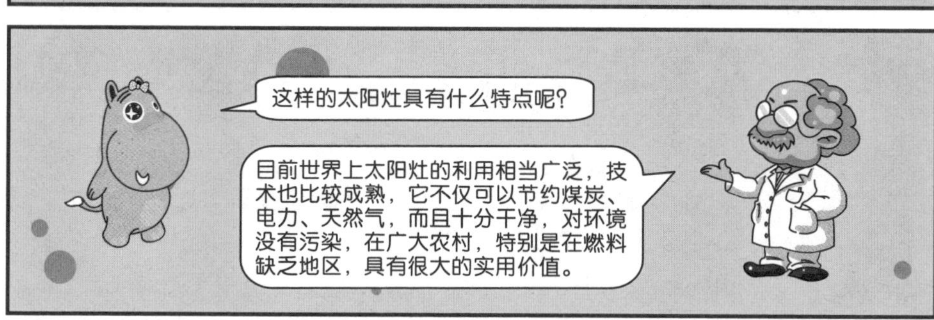
这样的太阳灶具有什么特点呢？
目前世界上太阳灶的利用相当广泛，技术也比较成熟，它不仅可以节约煤炭、电力、天然气，而且十分干净，对环境没有污染，在广大农村，特别是在燃料缺乏地区，具有很大的实用价值。

太阳能建筑

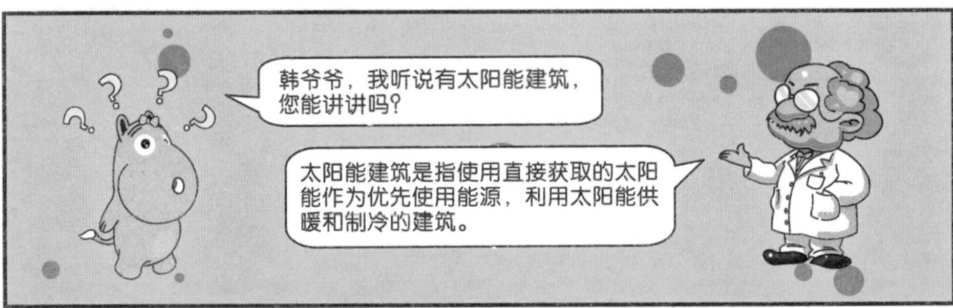
韩爷爷，我听说有太阳能建筑，您能讲讲吗？
太阳能建筑是指使用直接获取的太阳能作为优先使用能源，利用太阳能供暖和制冷的建筑。

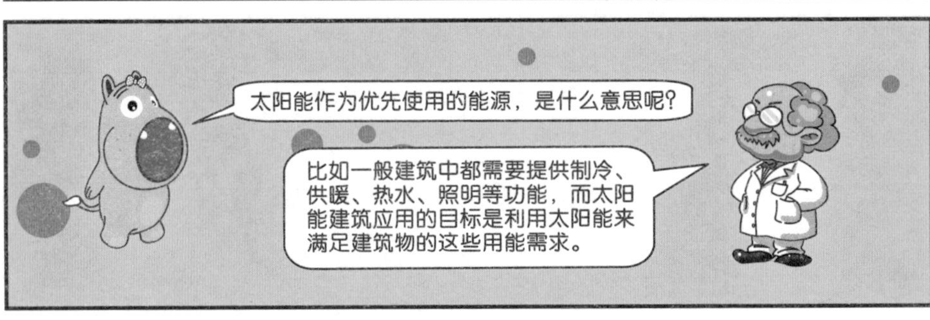
太阳能作为优先使用的能源，是什么意思呢？
比如一般建筑中都需要提供制冷、供暖、热水、照明等功能，而太阳能建筑应用的目标是利用太阳能来满足建筑物的这些用能需求。

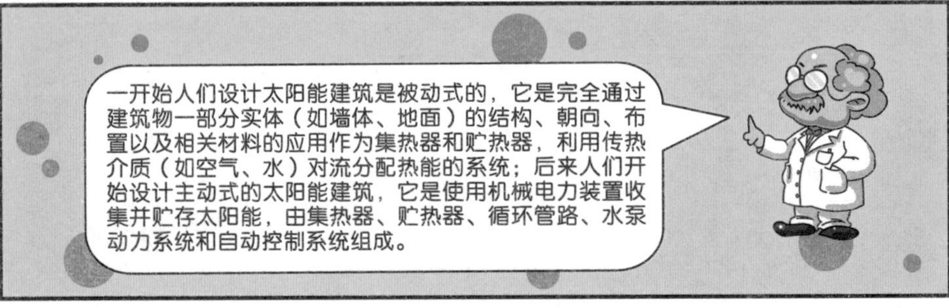
一开始人们设计太阳能建筑是被动式的，它是完全通过建筑物一部分实体（如墙体、地面）的结构、朝向、布置以及相关材料的应用作为集热器和贮热器，利用传热介质（如空气、水）对流分配热能的系统；后来人们开始设计主动式的太阳能建筑，它是使用机械电力装置收集并贮存太阳能，由集热器、贮热器、循环管路、水泵动力系统和自动控制系统组成。

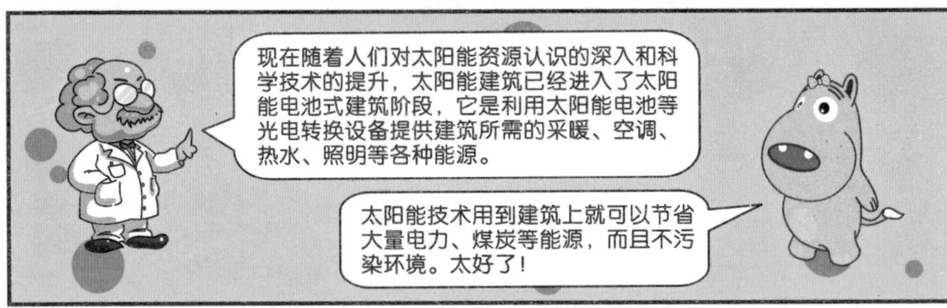
现在随着人们对太阳能资源认识的深入和科学技术的提升，太阳能建筑已经进入了太阳能电池式建筑阶段，它是利用太阳能电池等光电转换设备提供建筑所需的采暖、空调、热水、照明等各种能源。
太阳能技术用到建筑上就可以节省大量电力、煤炭等能源，而且不污染环境。太好了！

日月坛微排大厦

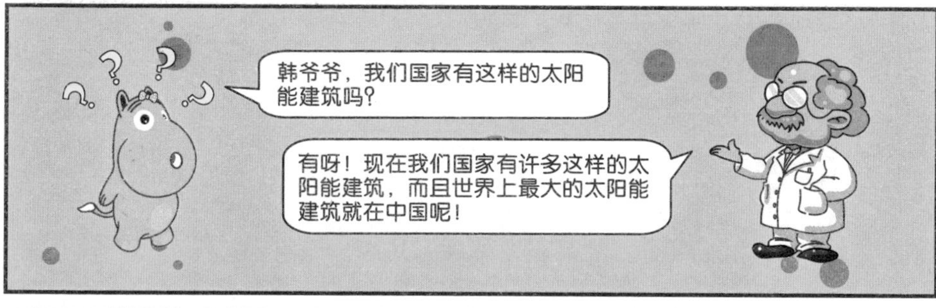

那是什么建筑，您快说说！

它叫作日月坛微排大厦，位于中国山东德州，外形设计灵感来源于“日晷”，拥有近4000平方米的太阳能电池板，再加上节能玻璃和太阳能热水供应，是世界上最大的太阳能建筑。

这座建筑的总建筑面积达到7.5万平方米，集展示、科研、办公、会议、培训、宾馆等功能于一身，它将太阳能综合利用技术与建筑节能技术相结合，综合应用了多项太阳能新技术，如吊顶辐射采暖制冷、光伏发电、光电遮阳、游泳池节水、雨水收集、中水处理系统、滞水层跨季蓄能等技术。

它在建筑设计中融入了先进的绿色设计理念。屋面、外墙采用了远远高于国家现行标准厚度的聚苯保温板，整体传热系数大大降低，比节能标准低30%左右，尤其是门窗、天窗和幕墙，采用了温屏节能玻璃和光伏建筑一体化（building integrated photovoltaic，BIPV）温屏光伏组件，传热系数降低为国家节能标准的一半。

20 太阳能飞机

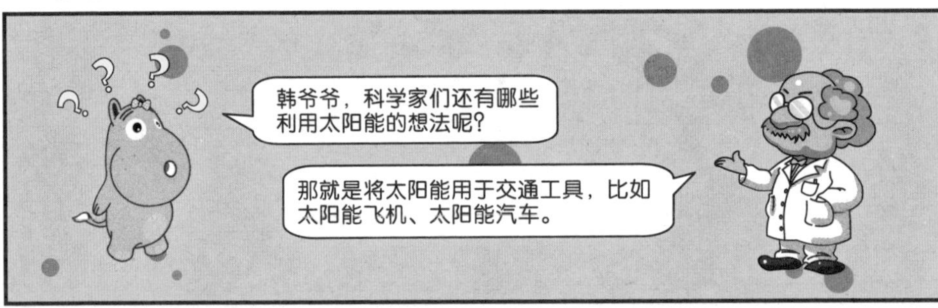
韩爷爷，科学家们还有哪些利用太阳能的想法呢？
那就是将太阳能用于交通工具，比如太阳能飞机、太阳能汽车。

什么是太阳能飞机呀？

太阳能飞机是以太阳辐射作为推进能源的飞机。太阳能飞机的动力装置由太阳能电池组、直流电动机、减速器、螺旋桨和控制装置组成。由于太阳辐射的能量密度小，为了获得足够的能量，飞机上应有较大的摄取阳光的表面积，以便铺设太阳电池，所以太阳能飞机的机翼面积较大。

人们从什么时候开始研究太阳能飞机的呢？

1974年11月4日，世界上第一架太阳能飞机Sunrise1的成功飞行标志着太阳能飞行时代的来临。1981年7月7日，第一架以太阳能为动力的飞机飞过英吉利海峡。这架“太阳能挑战者”号太阳能飞机从法国起飞，以平均每小时30英里（1英里=1609.344米）的速度、1.1万英尺（1英尺=0.305米）的飞行高度，完成了全长165英里的旅行，最后在英国着陆。

1998年11月10日，由瓦伊伦门特航空公司研制的太阳能无人机“百人队长”号在美国首飞成功。2006年8月，英国科学家研制的全球首架太阳能无人侦察机——“西风”（Zephyr）号试飞成功。该机采用全球定位系统导航，最大飞行高度可以达到40000米。它依靠太阳能电池提供动力，可持续飞行3个月之久。

21 太阳能汽车

韩爷爷，您再讲讲太阳能汽车吧？

太阳能汽车又叫作全太阳能动力汽车，以柔性高效的薄膜电池组件为核心技术，在一定的光照条件下，通过光电转化及储能、智能控制，电力配送等精确控制系统，将太阳能转化为汽车驱动动力，是真正意义上的零污染的清洁能源汽车。

它跟一般的汽车有什么不同呢？

跟传统汽车不同，太阳能汽车没有发动机、驱动变速箱等构件，而是由电池板、储电器、电机等部分组成。

全车的技术环节主要是三个：一是将太阳光转化成电能；二是将电能存储起来；三是将电能最大限度地发挥到动力上。因为这三个技术要求，所以目前太阳能汽车的形状都是比较古怪的样子。

但是现在这样的太阳能汽车并不多见呀！

是的，因为太阳能汽车的造价高、技术不够成熟、太阳能转换效率还不够高、速度慢等原因，使得完全靠太阳能驱动的汽车的实用性受到极大的限制，所以太阳能汽车目前还没有普及。

22 太阳能海水淡化

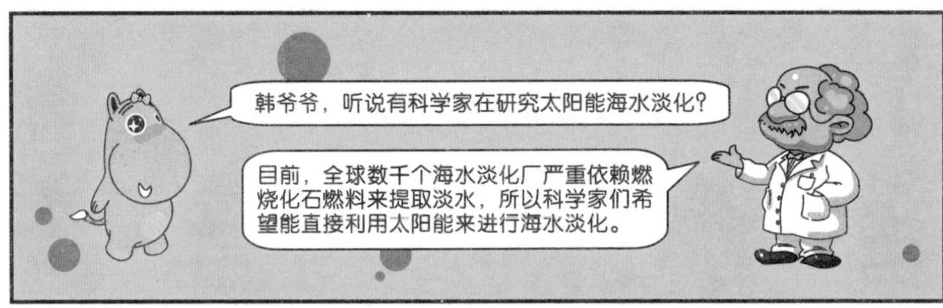
韩爷爷，听说有科学家在研究太阳能海水淡化？
目前，全球数千个海水淡化厂严重依赖燃烧化石燃料来提取淡水，所以科学家们希望能直接利用太阳能来进行海水淡化。

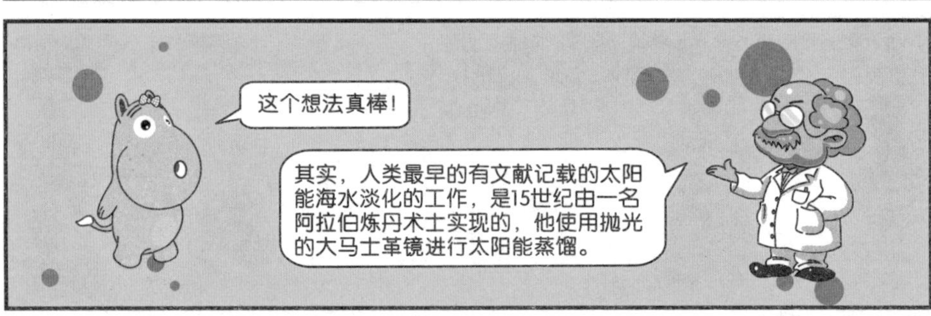
这个想法真棒！
其实，人类最早的有文献记载的太阳能海水淡化的工作，是15世纪由一名阿拉伯炼丹术士实现的，他使用抛光的大马士革镜进行太阳能蒸馏。

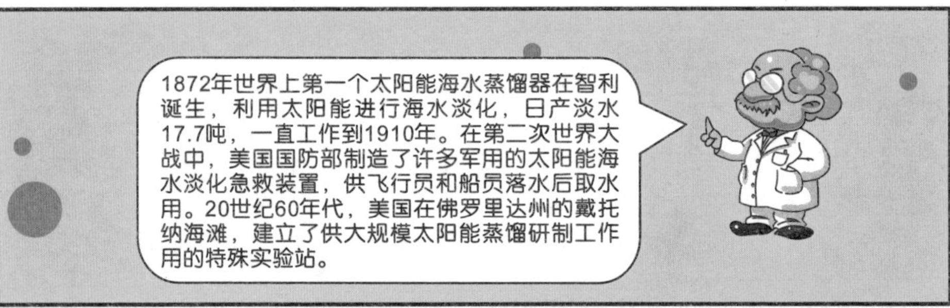
1872年世界上第一个太阳能海水蒸馏器在智利诞生，利用太阳能进行海水淡化，日产淡水17.7吨，一直工作到1910年。在第二次世界大战中，美国国防部制造了许多军用的太阳能海水淡化急救装置，供飞行员和船员落水后取水用。20世纪60年代，美国在佛罗里达州的戴托纳海滩，建立了供大规模太阳能蒸馏研制工作用的特殊实验站。

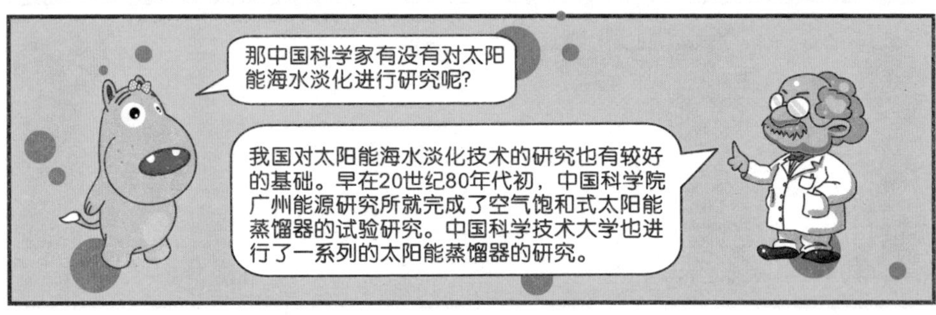
那中国科学家有没有对太阳能海水淡化进行研究呢？
我国对太阳能海水淡化技术的研究也有较好的基础。早在20世纪80年代初，中国科学院广州能源研究所就完成了空气饱和式太阳能蒸馏器的试验研究。中国科学技术大学也进行了一系列的太阳能蒸馏器的研究。

23 卫星太阳能电站

卫星太阳能电站?

这是利用卫星技术在太空把太阳能转化成电能，然后以某种方式传回地球供人类使用的系统。1968年，美国工程师彼得·格拉泽在《自然》杂志上发表题为《来自太阳的能源：它的未来》的文章，首次提出了卫星太阳能电站的设想。

这个想法真是神奇呀!

格拉泽在文章中对卫星太阳能电站的设计提出了以下原则：一是运行轨道应保证接收面能始终对准太阳，传输装置能把能量向任何希望点发射；二是光电转换元件应能达到最大的理论效率；三是传输装置能将电能转换后送回地面，而传输频率满足大气吸收量最小；四是地球接收器能够以需要的能量密度接收，并且能够传输到用户那里。他选择的是地球同步轨道，并且为保证24小时工作，应当在同步轨道上布置两个卫星太阳能电站。光电转换元件选择比较成熟的硅光电池，把太阳能转化成电能供地球使用。

这个想法实现了吗?

早在20世纪70年代，美国航空航天局就曾耗资2000多万美元进行可行性研究。后来日本和欧洲一些国家都进行了研究。已经有一些国家提出了设计方案，但到目前为止仍然没能实现。

第三章 风能

1 风到底是怎么产生的？

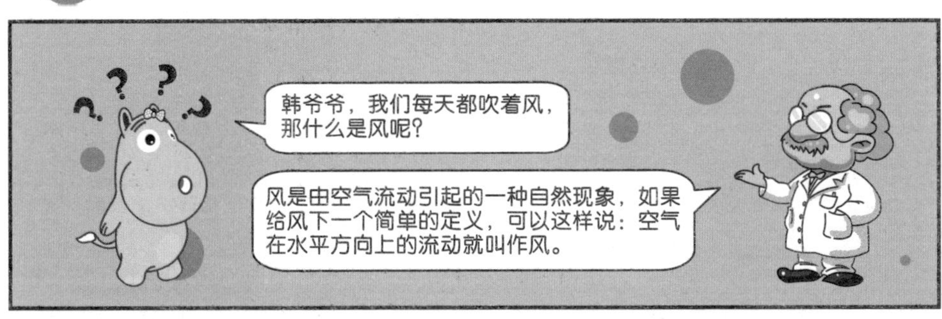
韩爷爷，我们每天都吹着风，那什么是风呢？
风是由空气流动引起的一种自然现象，如果给风下一个简单的定义，可以这样说：空气在水平方向上的流动就叫作风。

风是由于空气受热或受冷而致使其从一个地方向另一个地方产生移动的结果。
风到底是怎么产生的呢？

它是由太阳辐射热引起的。太阳光照射在地球表面上，使地表温度上升，地表的空气受热膨胀变轻而往上升。

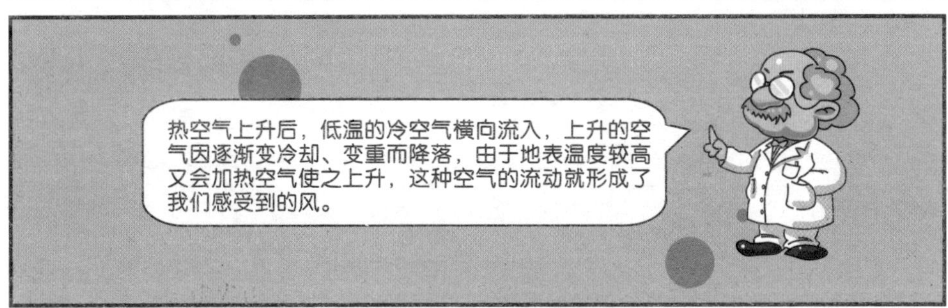
热空气上升后，低温的冷空气横向流入，上升的空气因逐渐变冷却、变重而降落，由于地表温度较高又会加热空气使之上升，这种空气的流动就形成了我们感受到的风。

风是怎样测量的？

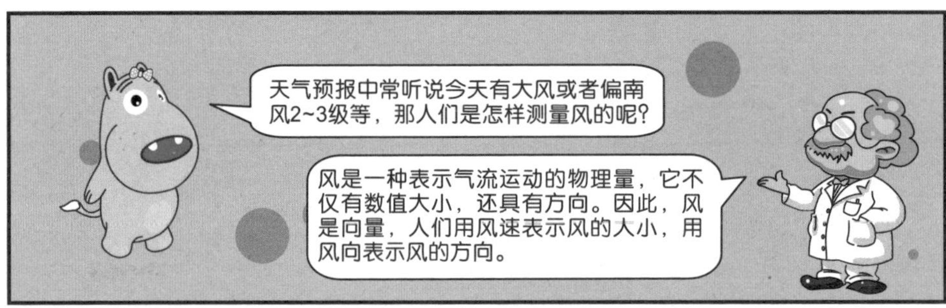

具体是怎么表示的呢？

风向是指气流的来向。地面风用16方位表示，高空风向常用方位度数表示，即以0度（或360度）表示正北，90度表示正东，180度表示正南，270度表示正西。在16方位中，每相邻两个方位间的角差为22.5度。

风速是指单位时间内空气移动的水平距离。风速单位常有米每秒、海里每小时和千米每小时表示。风速有时也采用压力来表示，称为风压。如果以 v 表示风速，那么 P 为垂直于风的来向每平方米面积上受风压力。

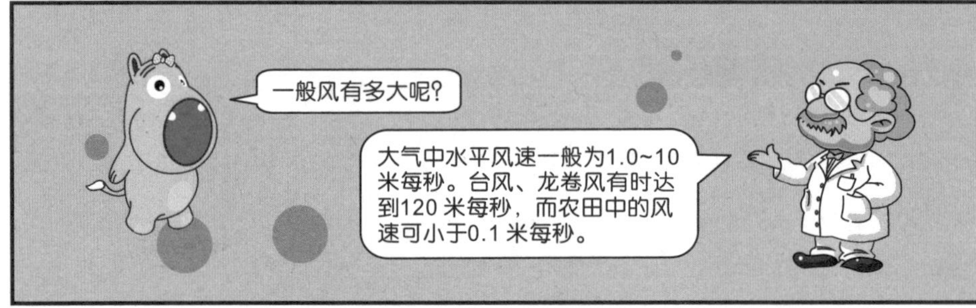

③ 风可以产生能量吗？

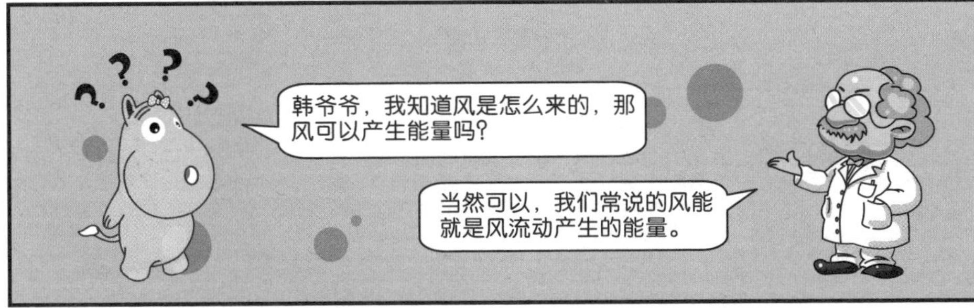
韩爷爷，我知道风是怎么来的，那
风可以产生能量吗？
当然可以，我们常说的风能
就是风流动产生的能量。

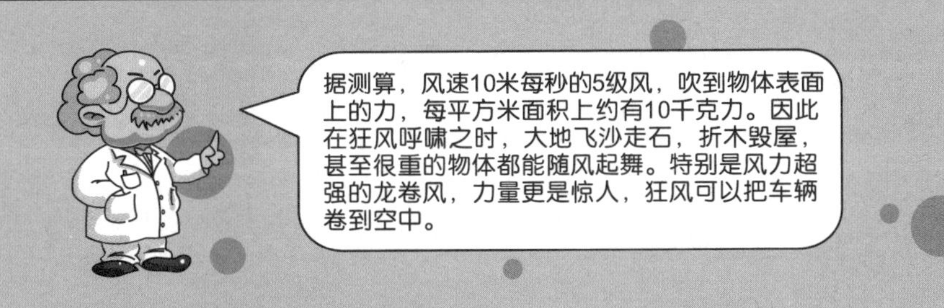
据测算，风速10米每秒的5级风，吹到物体表面
上的力，每平方米面积上约有10千克力。因此
在狂风呼啸之时，大地飞沙走石，折木毁屋，
甚至很重的物体都能随风起舞。特别是风力超
强的龙卷风，力量更是惊人，狂风可以把车辆
卷到空中。

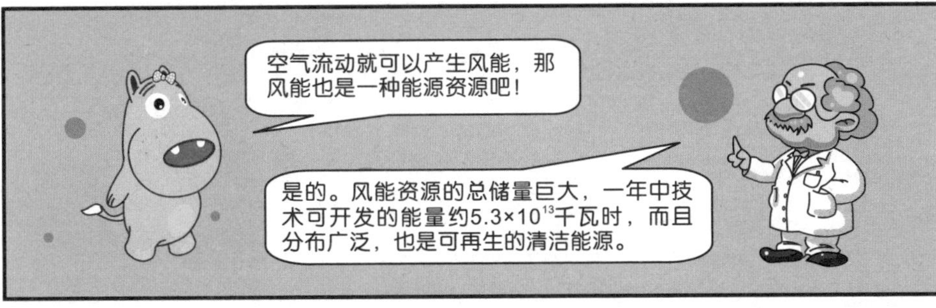
空气流动就可以产生风能，那
风能也是一种能源资源吧！
是的。风能资源的总储量巨大，一年中技
术可开发的能量约5.3×10^13千瓦时，而且
分布广泛，也是可再生的清洁能源。

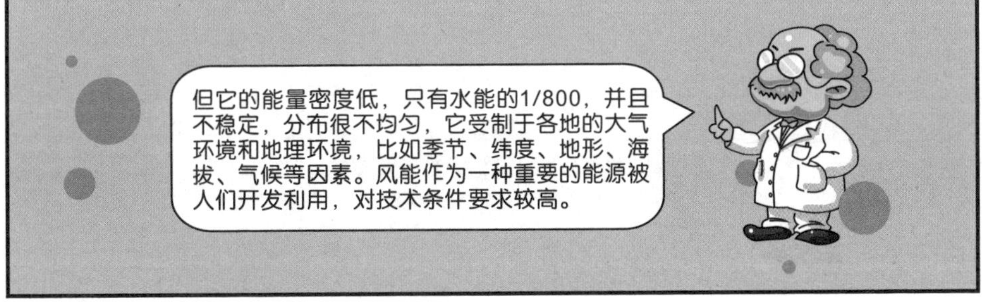
但它的能量密度低，只有水能的1/800，并且
不稳定，分布很不均匀，它受制于各地的大气
环境和地理环境，比如季节、纬度、地形、海
拔、气候等因素。风能作为一种重要的能源被
人们开发利用，对技术条件要求较高。

季风

理论上风应沿水平气压梯度方向吹，即垂直于等压线从高压向低压吹，但是地球在自转，使空气水平运动发生偏向的力，称为地转偏向力，这种力使北半球气流向右偏转、南半球气流向左偏转，所以地球大气运动除受气压梯度力以外，还受地转偏向力的影响。大气真实运动是这两力的合力。

5 海陆风

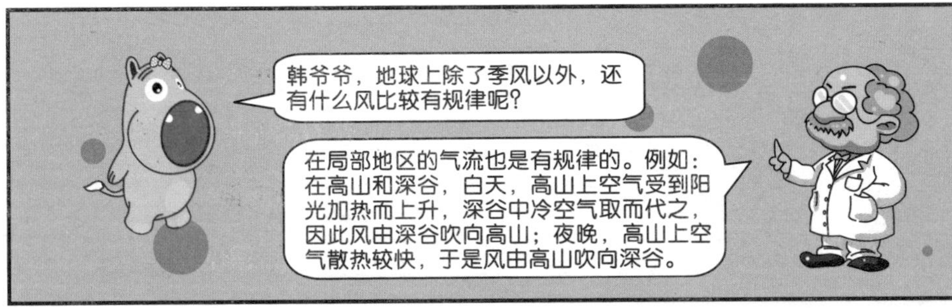
韩爷爷，地球上除了季风以外，还有什么风比较有规律呢？
在局部地区的气流也是有规律的。例如：在高山和深谷，白天，高山上空气受到阳光加热而上升，深谷中冷空气取而代之，因此风由深谷吹向高山；夜晚，高山上空气散热较快，于是风由高山吹向深谷。

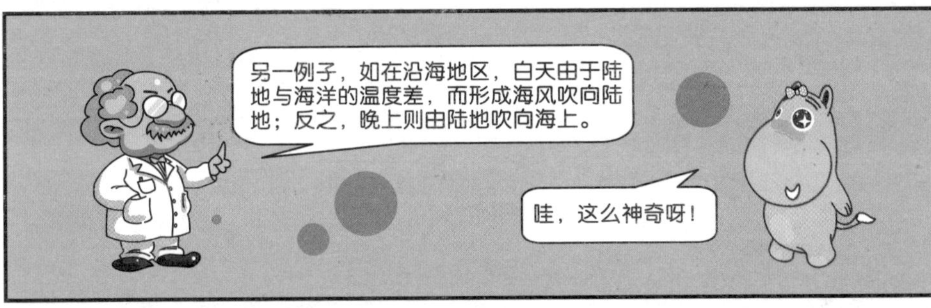
另一例子，如在沿海地区，白天由于陆地与海洋的温度差，而形成海风吹向陆地；反之，晚上则由陆地吹向海上。
哇，这么神奇呀！

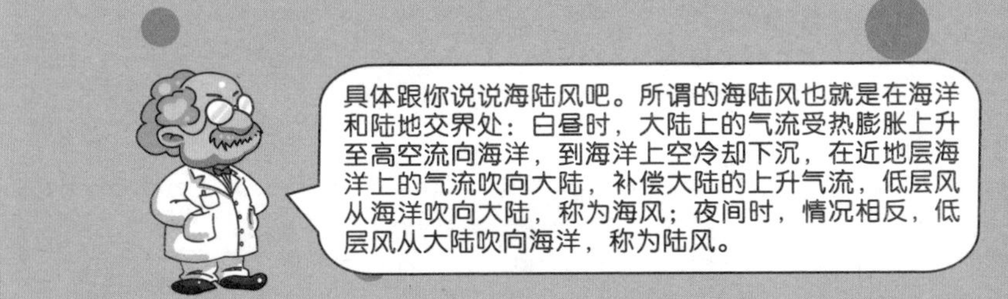
具体跟你说说海陆风吧。所谓的海陆风也就是在海洋和陆地交界处：白昼时，大陆上的气流受热膨胀上升至高空流向海洋，到海洋上空冷却下沉，在近地层海洋上的气流吹向大陆，补偿大陆的上升气流，低层风从海洋吹向大陆，称为海风；夜间时，情况相反，低层风从大陆吹向海洋，称为陆风。

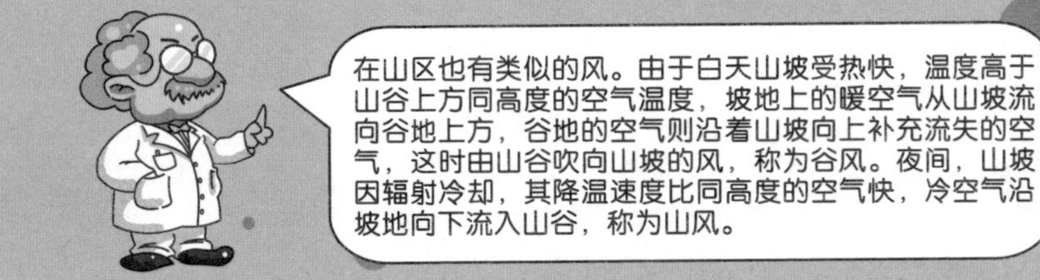
在山区也有类似的风。由于白天山坡受热快，温度高于山谷上方同高度的空气温度，坡地上的暖空气从山坡流向谷地上方，谷地的空气则沿着山坡向上补充流失的空气，这时由山谷吹向山坡的风，称为谷风。夜间，山坡因辐射冷却，其降温速度比同高度的空气快，冷空气沿坡地向下流入山谷，称为山风。

风能的全球地理分布

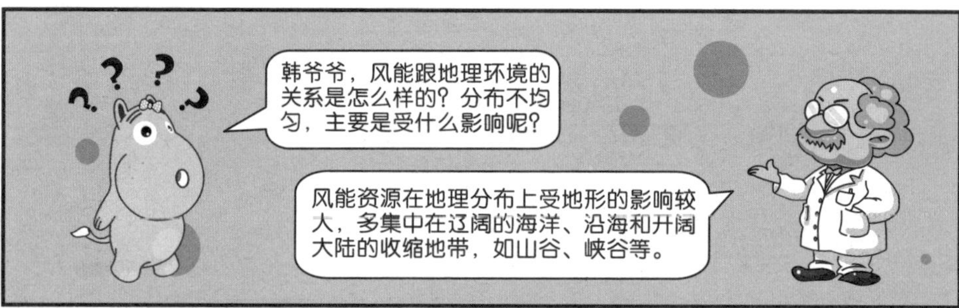
韩爷爷，风能跟地理环境的关系是怎么样的？分布不均匀，主要是受什么影响呢？
风能资源在地理分布上受地形的影响较大，多集中在辽阔的海洋、沿海和开阔大陆的收缩地带，如山谷、峡谷等。

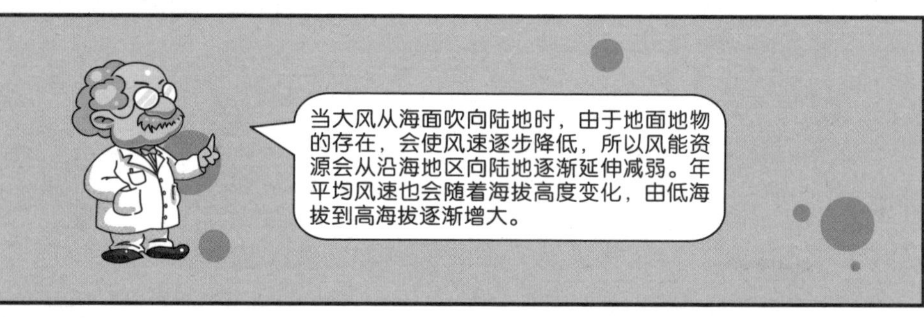
当大风从海面吹向陆地时，由于地面地物的存在，会使风速逐步降低，所以风能资源会从沿海地区向陆地逐渐延伸减弱。年平均风速也会随着海拔高度变化，由低海拔到高海拔逐渐增大。

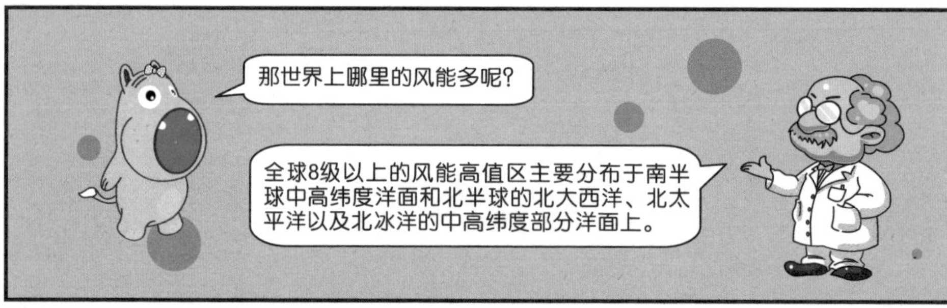
那世界上哪里的风能多呢？
全球8级以上的风能高值区主要分布于南半球中高纬度洋面和北半球的北大西洋、北太平洋以及北冰洋的中高纬度部分洋面上。

大陆上风能则一般不超过7级，其中以美国西部、西北欧沿海、乌拉尔山顶部和黑海地区等多风地带较大。

风能资源在欧美地理分布

欧美国家地区应该是世界上风能资源比较丰富的地区吧？

是的。欧洲沿海地区风能资源最为丰富，主要包括英国和冰岛沿海、西班牙、法国、德国和挪威的大西洋沿海，以及波罗的海沿海地区，其年平均风速可达9米每秒以上。

整个欧洲大陆除了伊比利亚半岛中部、意大利北部、罗马尼亚和保加利亚等部分东南欧地区以及土耳其地区以外（该地区风速较小，风速在4~5米每秒以下），大部地区风速都较大，基本在6~7米每秒以上。欧洲也是世界风能利用最发达的地区。

那北美洲呢？

北美洲的地形明显分为三个南北纵列带，西部是高大的山系，中部为广阔的平原，东部为低缓的山地和高原，其风能资源主要分布于北美大陆中东部及其东西部沿海以及加勒比海地区。

美国中部地区，地处广袤的北美大草原，地势平坦开阔，其年平均风速均在7米每秒以上。风能资源蕴藏量很大，开发价值很大。北美洲东西部沿海风速达9米每秒；加勒比海地区岛屿众多，大部分沿海风速均在7米每秒以上，风能储量巨大。

中国的风能资源地理分布

9 古人利用风能

韩爷爷，古老的风车就是利用风能转动的吧？

是的。人类利用风能的历史可以追溯到公元前。古埃及、中国、古巴比伦是世界上最早利用风能的国家之一。

公元前，人类利用风力提水、灌溉、磨面、舂米，用风帆推动船舶前进。公元前2世纪，古波斯人就利用垂直轴风车碾米。10世纪，伊斯兰人开始用风车提水，11世纪，风车在中东地区已获得广泛应用。13世纪，风车传至欧洲，14世纪，风车已成为欧洲不可缺少的原动机。

哦！我看过好多荷兰风车的图片。

荷兰地处欧洲西部，有“风车之国”的美称。最大的风车有好几层楼高，风翼长达20米，有的风车由整块大柞木做成。

18世纪末，荷兰全国的风车约有12000架。这些风车用来碾谷物、粗盐、烟叶、榨油，压滚毛呢、毛毡、造纸，以及排除沼泽地的积水。正是这些风车不停地吸水、排水，保障了全国三分之二的土地免受沉沦等威胁。

中国古代的风车

中国人是不是很早就开始利用风的力量了呢?

早在上古时期，我们的祖先就在领略风的威力的同时，萌发出了利用风力的想法，传说黄帝与蚩尤之战，就曾请风伯来助战。

史料记载，尧舜时代也已有在生产和生活中利用风力的记叙。在这之后，利用风力助航的风帆，用于农业生产的风车，用于冶金的风箱等纷纷出现。三国时期的赤壁之战更是利用风力的经典之作。

那中国古代的风车是不是与众不同呀!

中国古代有一种船帆式风车，具有明显的特点，为中国所独有。这种风车除有卧式轮轴外，还有船帆式的风帆。帆并非安装于轮轴径向位置，而是安装在轴架周围的八根柱杆上。帆又是偏装，即帆布在杆的一边较窄，在杆的另一边较宽，并用绳索拉紧。当风作用于A时，帆为顺风，帆与风向垂直（受力最大）并被绳拉紧；转到位置C时，帆被吹向外，帆面与风向平行；至E处再恢复迎风位置。

通过绳索的松紧和帆的偏装，它可以利用戗风或逆风，如同在船帆中一样。这种装置方式使帆可以自由随风摆动，而不产生特别的阻力，帆在外周转动的有效风力作用范围，超出180度。如在位置G处，开始转入顺风，帆还可以利用部分风力进行少量作业。

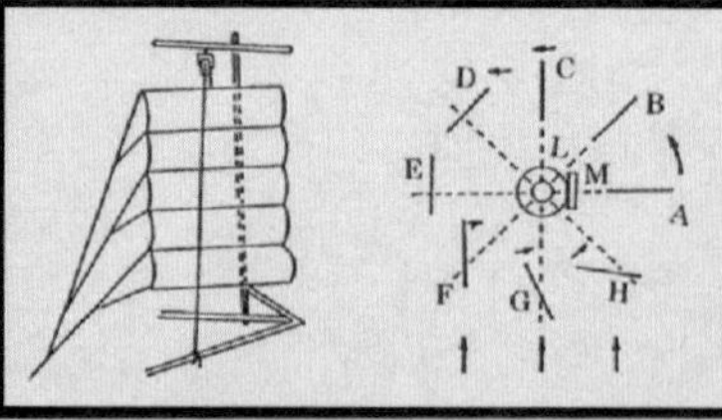

11 从风车到风力发电

风车抽水、磨面都有几千年的历史，现在人们是怎么利用风能的呢？

数千年来，风能技术一直停留在传统的利用上。但自1973年世界石油危机以来，风能作为一种无污染和可再生的新能源，又重新受到人们的重视。科学家开始研究如何更好地利用风能。

他们研究的主要是什么方法呢？

他们研究的主要是风力发电。将风的动能转变成机械能，再把机械能转化为电能。

原来是这样啊！

依据风力发电技术，大约是每秒3米的微风速度（微风的程度），便可以开始发电。利用风力发电非常环保，且风能蕴量巨大，因此日益受到世界各国的重视。

各国利用风力发电的尝试，早在20世纪初就已经开始了。20世纪30年代，丹麦、瑞典、苏联和美国应用航空工业的旋翼技术，成功地研制了一些小型风力发电装置。这种小型风力发电装置，在多风的海岛和偏僻的乡村广泛使用，它所获得的电力成本比小型内燃机的发电成本低得多。不过，当时的发电量较低，装机容量大多在5千瓦以下。

世界各国的风力发电

世界各国都在研究风力发电吗?

美国早在1974年就开始实行联邦风能计划。其主要内容是：评估国家的风能资源；研究风能开发中的社会和环境问题；改进风力机的性能，降低造价；为农业和其他用户研制小于100千瓦的风力机；为电力公司及工业用户设计兆瓦级的风力发电机组。

美国已于20世纪80年代成功地开发了100千瓦、200千瓦、2000千瓦、2500千瓦、6200千瓦、7200千瓦6种风力机组。

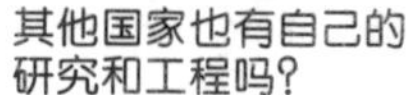

其他国家也有自己的研究和工程吗?

瑞典、荷兰、英国、丹麦、德国、日本、西班牙等也根据它们国家的情况制订了相应的风力发电计划。例如：瑞典1990年风力机的装机容量已达350兆瓦，年发电10亿千瓦时。丹麦在1978年即建成了日德兰风力发电站，装机容量为2000千瓦，三片风叶的扫掠直径为54米，混凝土塔高58米。

德国1980年就在易北河口建成了一座风力电站，装机容量为3000千瓦。英国的风能资源十分丰富，政府对风能资源的开发也十分重视，到1990年风力发电已占英国总发电量的2%。在日本，1991年位于轻津海峡的青森县风力发电站投入运行，5台风力发电机可为700户家庭提供电力。

13 我国的风力发电

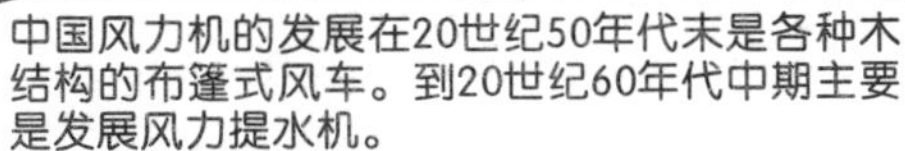

我们国家的风力发电情况是怎么样的呢？
中国风力机的发展在20世纪50年代末是各种木结构的布篷式风车。到20世纪60年代中期主要是发展风力提水机。

20世纪70年代中期以后，风能开发利用列入国家“六五”计划，并得到迅速发展。进入20世纪80年代中期以后，中国先后从丹麦、比利时、瑞典、美国、德国引进一批中、大型风力发电机组，在新疆、内蒙古的风口及山东、浙江、福建、广东的岛屿建立了8座示范性风力发电场。

1990年底，全国风力提水的灌溉面积已达2.58万亩（1亩=666.67平方米）。1992年，全国装机容量已达8兆瓦。新疆达坂城的风力发电场装机容量已达3300千瓦。1997年，新增风力发电装机容量10万千瓦。目前，中国已研制出100多种不同型式、不同容量的风力发电机组，并初步形成了风力机产业。

哇！中国的风力发电真了不起呀！
进入21世纪，中国在风能的开发利用上加大投入力度，使高效清洁的风能在中国能源的格局所占地位进一步提高。2012年，我国风电总装机容量已经居世界第一。2021年，我国风电并网装机容量更是突破3亿千瓦大关。

14 风力发电机组

我们在新疆旅游的时候会看到许多很大的风车，那就是风力发电的装置吧！

是的。那是风力发电机组，也就是将风的动能转换为电能的系统装置。这种风力发电机组，大体上可分为风轮、调速装置、调向装置、控制系统、发电机、塔架等部分。

风轮的作用是随风转动并带动发电机发电。调速装置的作用是使风轮在一个限定的转速范围内工作。调向装置的作用是使风轮叶面总保持与来风处于垂直状态，从而使风轮获得最大的风能，以实现最大的功率输出。

控制系统包括蓄电池和配电盒或控制器，既是储能装置，又起稳定输出电压的作用，保证整个发电机组的正常使用。发电机是整个风力发电机组的做功装置，实现能量转换。塔架是风力发电机组的主要承载设备，起到支撑、固定和稳定的作用。

我们看到的那个大风车是什么呢？

我们看到的那个旋转的大风车是风轮。风轮主要由叶片、叶柄、轮毂三部分组成。气动性能优异的叶片装在轮毂上，当风吹向叶片时，叶片上产生气动力驱动风轮转动，通过传动系统将动力传递给发电机。

15 叶片和塔架

风力发电机的叶片是什么做的呢?

叶片是风力发电机中最基础和最关键的部件，因为叶片要在恶劣的环境下长期不停地运转，所以对叶片的要求有以下几点：一是重量轻且具有优异的疲劳强度和力学性能，能经受暴风等极端恶劣条件和随机负载的考验。

二是叶片的弹性、旋转时的惯性及其振动频率特性曲线符合标准，传递给整个发电系统的负载稳定性好，不能在离心力的作用下发生拉断，不能在风压的作用下发生折断，也不能产生很大的振动而引起整个风力发电机组的强烈共振。三是叶片必须保证表面光滑以减小风阻，因为粗糙的表面会被风“撕裂”。四是不得产生强烈的电磁波干扰和光反射。五是不能产生过大噪声。六是耐腐蚀、紫外线照射和雷击性能好。七是成本较低，维护费用低。

呀！这么高的要求呀！

是的。所以叶片多用玻璃钢或其他复合材料（如碳纤维）来制造。

那么大的风车怎样才能不被风吹跑呢?

这就要靠坚固的塔架支撑它了。塔架一般修建得比较高，为的是获得较大的和较均匀的风力，又要有足够的强度。塔架高度视地面障碍物对风速影响的情况，以及风轮的直径大小而定，一般为6~20米。

原来是这样啊！

 小型风力发电机组

风力发电机都是又高又大的家伙，好像没有小个头的呢！

除了大型风力发电机组外，其实还有各种各样小型风力发电机组，我们最常见的应该是风力发电驱动的路灯了。

是的，我看见过装着小风车的路灯！

一般将发电功率在10千瓦及以下的风力发电机称作小型风力发电机。它主要运用在农村、牧区、山区，发展中的大、中、小城市或商业区附近，解决当地用户用电需求。

小型风力发电机有什么特别的地方吗？

一般来说，其风轮大多由2~3个叶片组成，一般采用的是永磁式交流发电机，由风轮驱动发电机产生的交流电经过整流后变成可以贮存在蓄电池中的直流电。

在小型风力发电机中，调向、调速和停车功能是靠风力机的尾翼作为调向装置来实现的。这些功能是为了控制风轮的转速，以保证发电机的功率输出限定在一定范围内，同时防止过快的转速会对风轮和风力发电机的其他部件造成损坏。由于小型风力发电机的结构比较简单，一般采用叶轮侧偏式调速方式，这种调速装置在风速风向变化很大时容易造成风轮和尾翼的摆动，从而引起风力发电机的振动。因此，有的小型风力发电机设计有手动刹车机构。

17 海上风力发电

韩爷爷，为什么海上的风很大呢？

因为海面辽阔而平坦，而且四周也没有什么屏障挡着，陆地上有山地、树木、建筑物等可以挡住风。

那利用海上的风来发电应该是很好的主意吧！

是的。海上风力发电厂就是利用海上风力资源发电的新型发电厂。

因为海上没有阻挡，而且海水对风的摩擦阻力小于地面对风的摩擦阻力，海上的风力也明显大于陆地，风能输出比陆地高50%左右。因此海上风力发电具有风力强而稳定、发电利用小时数高、不占土地、适宜大规模开发等优势。

在海上修建风力发电厂难度会很大吗？

是的，海上风力发电厂建设首先要解决的难题是要给风力发电机打造一个稳固的基础。另外还需要敷设海底电缆把电能输送到陆地，因此海上风力发电厂的造价是陆地风力发电厂的2~3倍。

全球的海上风力发电

韩爷爷，世界各国都在海上修建风力发电厂吗?

英法德等欧洲国家是世界上主要的已有海上风电场的国家。在建设方面，德国的规划最为气势磅礴，是欧洲地区风电的主阵地。丹麦在风力发电领域也占有领导地位，世界上最大的海上风力发电厂位于丹麦。

2019 年，全球海上风力发电新增装机容量5.2吉瓦，单年新增装机创历史新高。16 个新建海上风电场投运，分布在中国、英国、德国、丹麦、比利时，平均装机容量325兆瓦。

德国在海上风力发电厂建设方面很厉害吗?

对呀！多年来，德国政府大力推广风力发电，尤其是海上风力发电厂的建设目前已经在德国可再生能源战略中占有重要地位。

德国海上风力发电在近些年来发展极其迅速，装机容量稳居全球第二。截至2019 年底，德国海上风力发电总装机容量为7.5吉瓦，提前一年完成2020年6.5吉瓦 的目标。德国联邦政府已与沿海五州政府及输电运营商50Hertz、Amprion、TenneT 达成一致协议，同意将2030年海上风力发电目标从原先的15吉瓦 提高到20吉瓦。

19 中国的海上风力发电

第四章 核能

中国核电
CNNP

1 神奇的核能

韩爷爷，听说核能也是新能源的一种，那什么是核能呢?

核能又称“原子能”。即原子核内部结构发生变化时释放的能量。

哇，这个好神奇，这跟人类以前所使用的能量有什么不一样吗?

在发现原子能以前，人类已知道世界上有机械能，如汽车运动的动能；有化学能，如燃烧酒精转变为二氧化碳气体和水释放出的热能；有电能，当电流通过电炉丝以后，会发出热、光等。但这些能量的释放，基本都不会改变物质的质量，只会改变能量的形式。

那核能的产生发生了物质改变，对吗?

是的。世界上的一切物质都是由带正电的原子核和绕原子核旋转的带负电的电子构成的。

原子核包括质子和中子，质子数决定了该原子属于何种元素，原子的质量数等于质子数和中子数之和。如一个铀-235原子是由原子核（由92个质子和143个中子组成）和92个电子构成的。如果把原子看作是我们生活的地球，那么原子核就相当于一个乒乓球的大小。而核能就是在一定条件下让原子核释放出了惊人的能量。

2 同位素与铀同位素

韩爷爷，我们在学习化学的时候老师说过“同位素”，那什么是同位素呢？

质子数相同而中子数不同或者说原子序数相同而原子质量数不同的一些原子被称为同位素，它们在化学元素周期表上占据同一个位置。

简单来说，同位素就是指某个元素的各种原子，它们具有相同的化学性质。按质量不同通常可以分为重同位素和轻同位素。

那在核能的研究中，什么元素最重要呢？

那就是铀同位素了。铀是自然界存在的原子序数最大的元素。天然铀的同位素主要是铀-238和铀-235，它们所占的比例分别为99.3%和0.7%。除此之外，自然界中还有微量的铀-234。铀-235原子核完全裂变释放出的能量是同等质量的煤完全燃烧释放出的能量的2700000倍。

这么厉害呀！

科学家在试验中发现铀-235原子核在吸收一个中子以后能分裂，在放出2~3个中子的同时伴随着一种巨大的能量，这种能量比化学反应所释放的能量大得多，这就是我们所说的核能。

3 重核裂变

韩爷爷，核能的能量那么大，
我们怎么样才能获得呢？

核能的获得确实是一个很难的事情。目前，科学家们研究核能的获得途径主要有三种，即重核裂变、轻核聚变以及核衰变。

那什么是重核裂变？

重核裂变是指一个重原子核分裂成两个或多个中等原子量的原子核，引起链式反应，从而释放出巨大的能量。

例如，用一个中子轰击铀-235的原子核时，它就会分裂成两个质量较小的原子核，同时产生2~3个中子和β、γ等射线，并释放出约200兆电子伏特的能量。如果再有一个新产生的中子去轰击另一个铀-235原子核，便引起新的裂变，以此类推，裂变反应不断地持续下去，从而形成了裂变链式反应，与此同时，核能也连续不断地释放出来。

原来核能是这样产生出来的呀！

是的。被人们所熟悉的原子弹、核电站、核反应堆等都利用了核裂变的原理。

轻核聚变

韩爷爷，轻核聚变是什么呢？

轻核聚变是指在高温下两个质量较小的原子核结合成质量较大的新核并释放出大量能量的过程，也称热核反应。它是取得核能的重要途径之一。

由于原子核间有很强的静电排斥力，所以在一般的温度和压力下，很难发生聚变反应。然而，在压力和温度都极高的情况下，轻核有了足够的动能来克服静电斥力，从而发生持续的聚变，因此也称为“热核聚变反应”，比如说太阳内部就是时时刻刻在发生核聚变。

核聚变和核裂变的区别好大呀！

是的。核聚变要比核裂变释放出更多的能量。例如相同数量的氘和铀-235分别进行聚变和裂变，氘所释放的能量约为铀-235的3倍多。但是实现核聚变的条件要求更高，比如氢核要达到6000摄氏度以上的高温才能获得实现聚合反应的动能。

氢弹就是利用氘、氚原子核的聚变反应瞬间释放巨大能量这一原理制成的，但它释放能量有着不可控性，所以会造成极大的杀伤破坏作用。科学家们还在研究“受控热核聚变反应装置”，它也应用了轻核聚变原理。

5 核衰变

韩爷爷，核衰变又是什么呢？

核衰变（nuclear decay），是原子核自发射出某种粒子而变为另一种核的过程，也是科学家认识原子核的重要途径之一。核衰变能是通过放射性元素的衰变释放出来的，也是最早被人们所发现的核能。

哦！那核衰变是怎么被科学家发现的呢？

1896年，法国科学家贝可勒尔研究含铀矿物质的荧光现象时，偶然发现铀盐能放射出穿透力很强可使照相底片感光的不可见射线，这就是衰变产生的射线。

1897年，居里夫人把元素的这一本领统称为“放射性”，同时发现一种元素可以通过放射性蜕变成为另外一种元素，同时辐射出一定能量，这就是核衰变能。

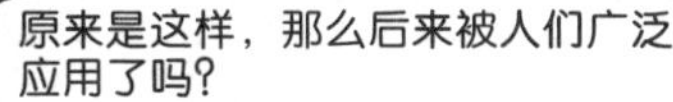

放射性元素最早被用于医学和钟表工业。根据居里夫人的研究，人们知道镭的辐射具有强大的穿透本领，因此，镭的射线被用来治疗恶性肿瘤。后来放射性元素衰变能应用领域越来越广泛，应用到了工业、石油、食品加工、医疗等领域。

广岛的原子弹爆炸

韩爷爷，说到核能我首先想到的是原子弹，那是一种很可怕的武器呀！

是的。原子弹（atomic bomb）是核武器之一，是利用核反应的光热辐射、冲击波和感生放射性造成杀伤和破坏作用，以及造成大面积放射性污染，阻止对方军事行动以达到战略目的的大杀伤力武器。

主要包括裂变武器（第一代核武器，通常称为原子弹）和聚变武器（也称为氢弹，分为两级和三级式）。

世界上谁使用过这样的武器呢?

1945年7月16日，美国成功爆炸了世界上第一颗原子弹。1945年8月6日，美国用B-29轰炸机运载“小男孩”原子弹轰炸日本广岛。它大概装有45千克的铀-235，其中只有不到1千克的铀在瞬间发生了核裂变，释放出相当于1.6万吨高性能炸药的能量。其中冲击波约占总能量的50%，放射性约占总能量的15%，光辐射约占总能量的35%。

当时广岛人口为34万多人，靠近爆炸中心的人大部分死亡，当日死亡人数达到8.8万余人，负伤和失踪5.1万余人，全市7.6万幢建筑物中有4.8万幢建筑物全部被毁、2.2万幢建筑物严重损毁，幸存下来的人也有许多被烧伤、炸伤……

核武器太可怕了！

7 核反应堆

韩爷爷，人们除了造出原子弹这样可怕的武器，是不是还可以和平利用核能呢？

是呀！要实现和平利用核能就需要建造核反应堆（nuclear reactor），并使核反应持续可控。

核反应堆是什么？

核反应堆，又称为原子能反应堆或反应堆，是能维持可控自持链式核裂变反应，以实现核能利用的装置。

核反应堆通过合理布置核燃料，使得在无须补加中子源的条件下能在其中发生自持链式核裂变过程。严格来说，反应堆这一术语应覆盖裂变堆、聚变堆、裂变聚变混合堆，但一般情况下仅指裂变堆。

曼哈顿计划期间，著名物理学家恩里科·费米领导小组于1942年12月在芝加哥大学建成人类历史上的第一台（可控）核反应堆，命名为“芝加哥一号堆”（Chicago Pile-1，CP-1）。该反应堆是采用铀裂变链式反应，开启了人类原子能时代。

核电站

韩爷爷，您再讲讲核电站吧！

核电站是指通过适当的装置将核能转变成电能的设施，通俗地讲就是利用核能进行发电的电站称为核电站。

在核电站里面以核反应堆来代替火电站的锅炉，以核燃料代替火电站中燃烧的煤炭，以特殊形式的“燃烧”产生热量。反应堆是核电站的关键设备，核电站用的燃料是铀。

用铀制成的核燃料在“反应堆”的设备内发生裂变而产生大量热能，再用处于高压下的水把热能带出，在蒸汽发生器内产生蒸汽，蒸汽推动汽轮机带着发电机一起旋转，电就源源不断地产生出来，并通过电网输送到四面八方。

哦，原来是这样啊！

世界上核电站常用的反应堆有轻水堆、重水堆和改进型气冷堆及快堆等，但使用最广泛的是轻水堆。核电站的系统和设备通常由两大部分组成：核的系统和设备，又称为核岛；常规的系统和设备，又称为常规岛。

第一代和第二代核电站

韩爷爷，核电站是什么时候开始建设的呢?

核电站的开发和建设开始于20世纪50年代，1951年，美国最先建成世界上第一座实验性核电站。

1954年，苏联建成发电功率为5000千瓦的实验性核电站。1957年，美国建成发电功率为9万千瓦的原型核电站。这些成就证明了利用核能发电的技术可行性。上述实验性的原型核电机组被称为第一代核电站。

哦，那后面还有几代核电站呢?

根据核电站的工作原理和安全性能的差异，可将其分为四代核电站。

除了上面说的第一代核电站，20世纪60年代后期，在实验性和原型核电站机组的基础上，陆续建成发电功率为几十万千瓦或几百万千瓦，并采用不同工作原理的所谓“压水堆”“沸水堆”“重水堆”“石墨水冷堆”等核反应堆技术的核发电机组。它们在进一步证明核能发电技术可行性的同时，使核电的经济性也得以证明。如今，世界上商业运行的四百多座核电机组绝大部分是在这一时期建成的，习惯上称其为第二代核电站。

第三代核电站

韩爷爷，您再讲讲第三代核电站吧！

20世纪90年代，为了消除美国三里岛和苏联切尔诺贝利核电站事故的负面影响，世界核电业界集中力量对严重事故的预防和缓解进行了研究和攻关，美国和欧洲先后出台了有关文件。

美国推出了《先进轻水堆用户要求文件》即URD（utility requirements document），欧洲推出了《欧洲用户对轻水堆核电站的要求》，EUR文件（European utility requirements document），进一步明确了预防与缓解严重事故，提高安全可靠性的要求。于是，国际上通常把满足URD或EUR文件的核电机组称为第三代核电机组。

第三代核电机组有许多设计方案，其中比较有代表性的设计是美国西屋公司的 AP1000技术和法国阿海珐公司开发的欧洲压水堆(European pressurized reactors，EPR)技术。这两项技术在理论上都有很高的安全性。这些设计理论上很好，但实践起来却困难重重。由于某些方面的技术还不够成熟，以致在世界各国使用第三代核电技术的装机数寥寥无几。

原来是这样啊！那中国有没有第三代核电站呢?

在这方面我国走在了世界的前列：浙江三门和山东海阳就采用了美国西屋公司的AP1000技术；广东台山则采用法国阿海珐公司的EPR技术，它们将成为世界第三代核电站的先行者。

第四代核电站

韩爷爷，什么是第四代核电站呢？

2000年1月，美国、英国、南非、日本、法国、加拿大、巴西、韩国和阿根廷这9个有意发展核能的国家，联合组成了“第四代国际核能论坛”。

上述9个国家于2001年7月签署了宪章，约定共同合作研究开发第四代核能技术：希望进一步降低电站的建造成本，更有效地保证它的安全性，使核废料的产生最少化和防止核扩散。2002年瑞士、2003年欧盟、2006年中国和俄罗斯、2016年澳大利亚先后签署了宪章。但遗憾的是，在相对长的时间里，国外并没有建成一个符合这些要求的第四代核电站。

那么我国第四代核电站技术发展怎么样呢？

我国经过多年努力，核电技术方面已经处于世界先进行列。

2021年9月，甘肃武威的钍基熔盐堆开始试运行，这是全球首台商业化运营的第四代核反应堆，摆脱了以铀和钚元素为燃料的核能发电模式，改用放射性极低的钍元素为核燃料，这种钍基熔盐堆安全系数高，热转换效率高，节省水资源，环境兼容性好，核污染只有铀和钚核反应堆的1‰。2022年，石岛湾核电站进入商业化运行。

太棒了！

建设核工业体系

韩爷爷，建设一座核电站是不是一个很复杂的工程呢？

是的。对核能的利用需要一个完整的工业体系，主要业务范围包括：铀矿勘探、铀矿开采与铀的提取、燃料元件制造、铀同位素分离、反应堆发电、乏燃料后处理、同位素应用以及与核工业相关的建筑安装、仪器仪表、设备制造与加工、安全防护及环境保护。

呀，这么多工业，真是复杂！

比如说核燃料利用就需要很多的工业能力相互配合才能实现核燃料的循环利用。

核燃料循环利用是什么？

为了让核燃料能够得到充分利用，人们考虑核燃料的循环利用，通常分为前端和后端两个部分。前端包括铀矿勘探、铀矿开采、矿石加工（包括选矿、浸出、提取、沉淀等工序）、精制、转化、浓缩、元件制造等。

后端包括对反应堆辐照以后的乏燃料元件进行铀钚分离的后处理，以及对放射性废物进行多级净化、去污、压缩减容、焚烧、固化等措施，将放射性物质从废物中分离出来，使浓集放射性物质的废物体积尽量减小，并改变其存在的状态，以达到安全处置的目的。

呀，看来利用核能确实不容易！

世界各国的核电站

核电站在世界各国都有发展吗？

世界上有许多国家都在发展核电。例如：英国有60多年的核工业历史，拥有世界上第一座商用核电站，具有对轻水堆和气冷堆核电站的设计、生产、建造和运行支持的全部能力。同时具有铀浓缩、燃料生产、新燃料及乏燃料运输、后处理、核设施退役及废物处理的完整核燃料循环能力。

德国和法国也是核电站大国吗？

德国在经历了1974年的石油危机之后决定大力发展核电，但是1986年切尔诺贝利核事故发生之后，该项政策有所变动，最后一座反应堆在1989年获批。1986年8月，德国政府宣布在未来的十年中放弃发展核电。

法国的第一台40兆瓦可用于发电的反应堆G1是1956年在马尔库尔投产的。其他两台反应堆——G2和G3也先后于1959年和1960年投入运行。20世纪70年代初石油危机爆发后，法国决定大规模发展核电，在压水堆技术基础上，制订了目标宏大的标准化核电发展规划。

我们的近邻日本也很重视核能利用吧！

是的。日本从20世纪50年代初期就着手核电的开发研究和设备制造的准备工作，于1956年成立日本原子能研究所，1961年组建日本原子能发电公司，并于1961年3月开始兴建东海核电站。但是福岛核事故以后，日本的核能利用走入低谷。

中国的核电站

我国的核电站是什么时候开始建设的呀？

我国核电站的建设始于20世纪80年代中期，首台核电机的组装在秦山核电站进行。

它坐落于浙江省嘉兴市海盐县秦山镇双龙岗，面临杭州湾，背靠秦山，风景如画，水源充沛，交通便利，又靠近华东电网枢纽，是建设核电站的理想之地。

作为我国第一座自己研究、设计和建造的核电站，秦山核电站于1985年开工、1994年商业运行，总装机容量达到656.4万千瓦，年发电量约500亿千瓦时，为我国自行设计建造和运行的原型核电机组，使我国成为继美国、英国、法国、俄罗斯、加拿大和瑞典后，全球第7个能自行设计建造核电机组的国家。

太棒了，我们国家现在有多少核电站呀？

截至2021年9月30日，我国运行核电机组共52台（未含台湾省数据），装机容量为53485.95兆瓦（额定装机容量）。

核电站的优缺点

韩爷爷，核电站与传统的火电站相比有哪些优势呀？
与传统火电站相比，核电站的优势明显。

一是核能发电无碳排放，不会加重地球温室效应。二是核能发电不像化石燃料发电那样排放巨量的污染物到大气中，因此核能发电不会造成空气污染。三是核能发电所使用的铀燃料，除了发电以外，暂时没有其他的用途。四是核燃料的能量密度比起化石燃料高上几百万倍，故核电站所使用的燃料体积小，运输与储存都很方便，一座1000万千瓦的核电站一年只需30吨的铀燃料，一航次的飞机就可以完成运送。

五是核能发电的成本中，燃料费用所占的比例较低，核能发电的成本不易受到国际经济形势的影响，故发电成本较为稳定。
那核电站有哪些缺点呢？

核电站也存在一些明显的缺点：一是核电站会产生高低阶放射性废料，虽然所占体积不大，但因其具有放射性，必须慎重处理；二是核电站热效率较低，对环境的热污染较严重；三是核电站的投资成本太大，电力公司的财务风险较高；四是核电站的反应器内有大量的放射性物质，如果在事故中释放到外界环境，会对生态及民众造成危害。

美国三里岛核事故

韩爷爷，核能给人们带来巨大能源的同时，是不是也有潜在的危险呀？

是的，我们不能忘记核事故带来的灾难！到目前为止，世界上的三大核事故值得我们认真总结教训！

那您给我讲讲吧！

首先说一说美国三里岛核事故。三里岛核电站位于美国宾夕法尼亚州首府哈里斯堡东南约15千米的萨斯奎哈纳河三里岛。它共有两个机组，均采用压水堆结构，发生事故的2号机组设计装机容量为906兆瓦。

事故发生于1979年3月28日凌晨，最初是由于二回路的给水泵出现故障，备用泵按照预设的程序启动，但两天前维修辅助给水系统时，操作人员忘记打开隔离阀，导致辅助给水系统没有投入运行。随后又发生一系列失误操作导致反应堆堆芯冷却水逐渐丧失，部分燃料棒锆包壳和铀燃料熔化，大量放射性物质，特别是氙、氪之类的气体与碘一起从反应堆释放出来，并有少量放射性物质随部分冷却水的泄漏而释放。

好危险呀！

这次事故是由设备故障、电站维修人员的失误和操作人员的判断错误综合造成的。尽管三里岛事故没有造成人员死亡，也没有导致核电站被毁，但该事件影响巨大，特别是民众对核电的信心受到相当大的打击，之后的30余年，美国都没建设新的核电站。

17 苏联切尔诺贝利核事故

韩爷爷，世界三大核事故还有哪个呢？

还有苏联的切尔诺贝利核事故。

1986年4月26日凌晨1点23分（UTC+3），位于乌克兰普里皮亚季附近的切尔诺贝利核电站的第四号反应堆发生了爆炸。连续的爆炸引发了大火并散发出大量高能辐射物质到大气层中，致使电站周围6万多平方公里的土地受到直接污染，320万人受到核辐射侵害，放射性尘埃随风扩散到整个欧洲。这次灾难所释放出的辐射剂量是二战时期广岛原子弹爆炸产生的辐射剂量的400倍以上。

这场灾难总共损失大概两千亿美元（已计算通货膨胀），更严重的是事故造成的核污染将长期存在。2014年11月，英国电视制作人丹尼·库克通过无人机航拍切尔诺贝利核事故遗址，在镜头中荒废的切尔诺贝利静谧如鬼城，失去了往昔光彩。

这次事故的原因是什么呢？

苏联专家在总结时指出：有关人员玩忽职守、粗暴违反工艺规程是造成事故的主要原因，同时该反应堆本身也存在设计缺陷，反应堆还有一个危险的空泡系数，这种设计导致在低功率时反应堆非常不稳定。同时为了降低成本，反应堆周围并没有建设任何可以作为屏障的安全壳。

太可怕了，一定要好好吸取教训呀！

日本福岛核事故

您再讲讲另外一个核事故吧？

那就是日本福岛核事故。福岛核电站是当时世界上最大的在役核电站，由福岛第一核电站、福岛第二核电站组成，共10台机组，均为沸水堆。

2011年3月11日，日本东北太平洋地区发生里氏9.0级地震，并引发海啸，该地震导致福岛第一核电站、福岛第二核电站受到严重的影响。2011年3月12日15:36，1号机组燃料厂房发生氢气爆炸；2011年3月14日11:01，3号机组燃料厂房发生氢气爆炸；2011年3月15日6:00，4号机组燃料厂房发生氢气爆炸。

在事故发生后距离福岛第一核电站20千米半径范围内的居民全部撤离。从当时对居民的检测结果来看，福岛核事故没有对工作人员和周围居民造成不可接受的放射性照射，也没有一例因为核事故导致的放射性照射死亡案例。2018年3月，日本会计审计署公布的检查结果显示，东京电力公司因福岛核事故支付的赔偿总额，包括临时预付补偿在内，截至2017年底，已达76821亿日元（约合人民币4619.95亿元）。

这起事故的教训是什么呀？

总结这起事故的教训主要有：一、救援决策者不应错失良机，灌海水太慢，恢复外部供电太晚；二、这样严重的核事故一开始只让企业来处理显然是错误的；三、设计时对危险估计不足。

 核事故国际应对

福岛核事故以后国际组织和各主要核电国家高度关注，纷纷采取相应行动，着手制定应对类似事故的对策。

那太好了，都有哪些对策呢？

国际原子能机构（International Atomic Energy Agency，IAEA）编制了一份初步安全评价报告——《IAEA国际事实调查专家组针对日本东部大地震和海啸引发的福岛第一核电厂核事故调查报告》，并列出15个调查结论和16个经验教训。欧盟委员会和西欧核监管协会发表倡议，要求展开欧洲范围内的核电厂风险和安全评估（压力测试），并得到认可。

在福岛核事故发生后：法国按照欧盟的标准和要求对境内所有核电厂进行压力测试；英国对其所有核电厂的抗震与抗洪水灾害能力进行审查，并对福岛核事故经验做出总结；德国采取一系列的措施对核电厂进行安全检测，并加强事故预防措施，同时迫于国内压力，德国政府于2011年5月30日宣布在2022年前彻底放弃德国核能发电，由于乌克兰危机，德国批准核电站继续运转；美国在事故发生以后立即向各核电厂发布通告要求核电厂采取措施避免类似问题出现，并加强了核电厂安全监管。

我国也有行动呢？

中国在福岛核事故发生以后立即采取措施，组织对我国核设施进行全面的安全检查，全面审查在建核电厂，严格审批新上核电项目。

保证安全的防线和屏障

韩爷爷，怎么才能让核电站更安全呢？
在总结了核事故的教训后，当今世界各国为了保障反应堆的安全运行，一般设有三道防线和四道安全屏障。

什么是三道防线呀？
第一道防线是预防事故，包括设计上充分保证安全度，提高安全系数。第二道防线是控制事故，包括采用更先进的技术和材料减少放射性物质泄漏的可能。第三道防线是缓解事故，就是建设万一发生事故的“专设安全设施”及专门的应急管理预案。

那什么是四道安全屏障呢？
未来防止放射性物质泄漏，核电站设置了四道安全屏障：第一道安全屏障是核燃料芯块；第二道安全屏障是锆合金包壳管；第三道安全屏障是压力容器和封闭的一回路系统；第四道安全屏障是安全壳厂房。

我国的核事故应急管理实行“常备不懈、积极兼容，统一指挥、大力协同，保护公众、保护环境”的方针。核事故组织实施国家级应急组织、省级应急组织和核事故应急组织的三级响应。
这样感觉核电站安全多了！

第五章 生物质能

 来自太阳的生物质能

韩爷爷，地球上的生物要靠来自太阳的能量生长，真的是“万物生长靠太阳”啊！

是呀，今天再给你介绍另一种来自太阳的新能源——生物质能！

好呀！什么是生物质能呢？

生物质是指一切直接或间接利用绿色植物光合作用而形成的各种有机物质，包括动物、植物和微生物及其排泄与代谢物。而所谓生物质能（biomass energy），就是太阳能以化学能形式贮存在生物质中的能量形式，即以生物质为载体的能量。它直接或间接地来源于绿色植物的光合作用，可转化为常规的固态、液态和气态燃料，取之不尽、用之不竭，是一种可再生能源，同时也是唯一一种可再生的碳源。

原来如此呀！

生物质能的原始能量来源于太阳，因此从广义上讲，生物质能是太阳能的一种表现形式。有机物中除矿物燃料以外的所有来源于动植物的能源物质均属于生物质能，通常包括木材、森林废弃物、农业废弃物、水生植物、油料植物、城市和工业有机废弃物、动物粪便等。

地球上的生物质能资源较为丰富，而且是一种无害的能源。地球每年经光合作用产生的物质有1730亿吨，其中蕴含的能量相当于全世界能源消耗总量的10～20倍，利用率不到3%。因此，很多国家都在积极研究和开发利用生物质能。

生物质能的优势

韩爷爷，说到生物质能应该是人们
从古到今都在使用的能源吧！

作为人类最早使用的一种能源，生物质能的优势是很
明显的。今天人们对生物质能的利用方法更多元化和
智能化了，生物质能作为一种可再生能源，成为了新
能源家族的一个成员。

生物质能有哪些优势呢？

生物质能的优势在于：一是可再生。它可以通过
植物的光合作用不断再生。二是环境友好。生物
质的含硫量和含氮量较低，灰分少，减少了硫化
物、氮化物和粉尘等的排放；生物质能利用过程
中，显著减少了二氧化碳的排放，对减轻温室效
应有积极意义。

三是化害为利。当今被人们利用的生物质能，除了
传统的草木、秸秆以外，还有大量的城市垃圾、污
水、粪便和其他有机废弃物，不仅提供新能源还可
以改善环境。四是分布广泛。生物质能在地球上无
处不在，对于那些缺乏其他能源的地区来说，生物
质能是一个简便易得的良好选择。五是总量丰富。
地球每年经光合作用产生的物质有1730亿吨，其中
蕴藏着丰富的生物质能。

哎哟，那人类应该好好地利
用生物质能呀！

3 生物质能的分类

韩爷爷，人们现在利用的都有哪些生物质能呢？

生物质能资源可以分为以下几种类型：一是森林能源。森林能源是森林生长和林业生产过程提供的生物质能源，主要是薪材，也包括森林工业的一些残留物，如树木生长过程中修剪的枝杈、木材加工的边角余料，以及专门提供薪材的薪炭林等。

二是农作物秸秆。农作物秸秆是我国农村的传统燃料，主要包括农业生产过程中的废弃物，如农作物收获时残留在农田内的农作物秸秆（玉米秸、高粱秸、麦秸、稻草、豆秸、棉秆等）；农业加工业的废弃物，如农业生产过程中剩余的稻壳等。三是能源植物。能源植物是指各种用以提供能源的植物，通常包括草本能源作物、油料作物、制取碳氢化合物植物、水生植物等。

四是畜禽粪便。畜禽粪便也是一种重要的生物质能源，包括畜禽排出的粪便、尿及其与垫草的混合物，是沼气的发酵原料。五是生活污水。生活污水主要由城镇居民生活、商业和服务业的各种排水组成。六是工业有机废水。主要是酒精、酿酒、制糖、食品、制药、造纸、屠宰等行业生产过程中排出的废水等，其中均富含有机物。

七是固体废物。城市固体废物主要是由城镇居民生活垃圾，商业、服务业垃圾，少量建筑业垃圾等固体废物构成。

利用生物质能是变废为宝呀！

生物质能的利用方式

生物质能一般都是怎样被人们利用的呢?

生物质能现在的利用途径一般有三种：直接燃烧、热化学转化和生物化学转化。

您能讲得详细一点吗?

直接燃烧是传统的生物质能利用方式，利用起来比较简单，但是这种方式的热效率低，会带来一定的环境影响，因此科学家们通过研究改进燃烧的方式和燃烧用的炉灶，来提高燃烧效率。

这个主意不错呀!

通过这种方式热效率可以从目前的10%左右提高到20%～30%。

真棒，还有其他的方式呢?

生物质的热化学转换是指在一定的温度和条件下，使生物质气化、炭化、热解和催化液化，以生产气态燃料、液态燃料和化学物质的技术。生物质的生物化学转换包括生物质–沼气转化、生物质–乙醇转化等。生物质一沼气转化是有机物质在厌氧环境中，通过微生物发酵产生一种以甲烷为主要成分的可燃性混合气体即沼气；生物质一乙醇转化是利用糖质、淀粉、纤维素等原料经发酵制成乙醇。

 化腐朽为能源的沼气

韩爷爷，您说生物质能中有一种叫沼气的东西，是什么呀？

沼气，顾名思义是沼泽湿地里的气体。人们经常看到在沼泽地、污水沟或粪池里有气泡冒出来，如果我们划着火柴，可把它点燃，这就是自然界天然产生的沼气。

哦，是这样呀！

从科学定义角度看，沼气是由生物质转化而得到的一种可燃气体。它是多种有机物质的混合物，主要成分是甲烷（CH_4）。

它是有机物质在隔绝空气（还原条件），并在适宜的温度、pH条件下，经过微生物的发酵作用而生成的，人畜粪便、秸秆、污水等各种有机物在厌氧条件下发酵，都可以产生沼气。

那沼气也可以作为能源吗？

是的。沼气是一种可燃烧气体，通常可以直接燃烧用于炊事、烘干农副产品、供暖、照明、气焊等，还可作为内燃机的燃料以及生产甲醇、福尔马林、四氯化碳等的化工原料。沼气属于二次能源，并且是可再生能源。

沼气利用技术发展

沼气是什么时候开始被人们利用的呢?

沼气是由意大利物理学家A.沃尔塔于1776年在沼泽地发现的。1916年俄国科学家B.П.奥梅良斯基分离出了第一株甲烷菌(但不是纯种)。1980年,我们中国率先成功分离出了甲烷八叠球菌。世界上已分离出的甲烷菌种近20株。

哦,在沼气利用方面,中国人也有重要贡献呀!

世界上第一个沼气发生器(又称自动净化器)是由法国的L.穆拉于1860年将简易沉淀池进行改进而制成的。1925年德国、1926年美国分别建造了备有加热设施及集气装置的消化池,这是现代大、中型沼气发生装置的原型。

第二次世界大战后,沼气发酵技术曾在西欧一些国家得到发展,但由于廉价的石油大量涌入市场而受到影响。但是后来随着世界性能源危机的出现,沼气又重新引起人们的重视。

1955年,新的沼气发酵工艺流程——高速率厌氧消化工艺产生,它突破了传统的工艺流程,使单位池容积产气量(即产气率)在中温下由每天1立方米容积产生0.7~1.5立方米沼气,提高到4~8立方米沼气,滞留时间由15天或更长的时间缩短到几天甚至几个小时。

7 中国的沼气事业发展

那中国沼气利用的情况是怎么样的呢？
中国沼气事业开始于20世纪20年代，罗国瑞先生在广东省潮梅地区建成了第一个沼气池。1936年，著名的科学家周培源教授在江苏省宜兴市建造了水压式沼气池，用于做饭点灯，后来浙江省的诸暨和河北省的武安也建造了沼气池。

1958年，全国不少省市推广沼气，到了20世纪70年代，由于农村燃料缺乏，全国又再次掀起了沼气建设高潮。
后来呢？

20世纪80年代，我国开展了大量关于沼气利用的理论和应用技术研究，并取得了可喜的研究成果，20世纪90年代以后，经过多年研究、开发、试点示范，我国的沼气建设技术获得了重大突破，从沼气池设计、建设施工到管理使用逐步成熟，发酵工艺和综合利用技术处于世界领先水平。

我国还建立了沼气发酵综合利用技术，以沼气为纽带，实现物质多层次利用、能量合理流动的高效农产模式。目前沼气在我国农村能源中占有相对重要的地位，许多农村地区都使用沼气烧饭、煮菜、照明。

8 沼气也能发电

沼气也能发电吗？

是的。沼气燃烧发电是集环保和节能于一体的能源综合利用新技术，也是随着大型沼气池建设和沼气综合利用的不断发展而出现的，它将厌氧发酵处理产生的沼气用于发动机，并装有综合发电装置，以产生电能和热能。

世界各国都应用沼气发电技术吗？

沼气发电在发达国家已受到广泛重视和积极推广，如美国的能源农场、德国的可再生能源促进法的颁布、日本的阳光工程、荷兰的绿色能源等。

生物质能发电在西欧和北欧如德国、丹麦、奥地利、芬兰、法国、瑞典等一些国家的能源总量中所占的比例为10%左右，并一直在持续增加。

我国的情况如何呢？

我国各省均建设了大中型沼气发电项目，大多数为垃圾填埋场的沼气发电项目，部分为养殖场发电及工业废料（酒精厂）发电项目。沼气发电技术不仅解决了沼气工程中的环境问题、消耗了大量废弃物、保护了环境、减少了温室气体的排放，而且变废为宝，产生了大量的热能和电能，符合能源再循环利用的环保理念，同时也带来巨大的经济效益。

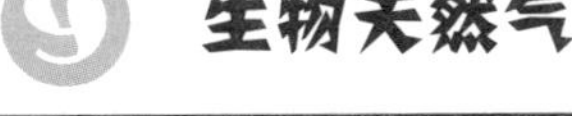

9 生物天然气

你听说过生物天然气吗?

没有呀！生物天然气又是什么呢?

生物天然气是以畜禽粪便、农作物秸秆、城镇生活垃圾、工业有机废弃物等为原料，厌氧发酵产生沼气，经净化提纯后与常规天然气成分、热值等基本一致的绿色低碳清洁可再生燃气。

生物天然气的生产需要经过热化学方法将生物质气化产生粗燃气，再经燃气净化、组分调变获得高质量的合成气，进而增压后采用催化合成技术合成液体燃料的一整套集成技术。

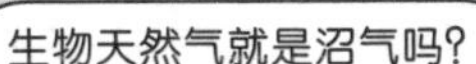

不完全是。生物天然气的核心，是规模化生产并提纯得到高价值商品生物天然气，这种技术手段的应用可以解决传统沼气生产规模小、产业化难度大等问题。另外，生物天然气的原料也不再局限于粪便，而是来源于多种农业废弃物、城市垃圾和污泥、工业废水废渣等。也就是说，沼气变成生物天然气的重要目标是实现双赢，也就是既要获得可观的经济效益，同时又要取得理想的环境效益。

变垃圾为能源的垃圾发电

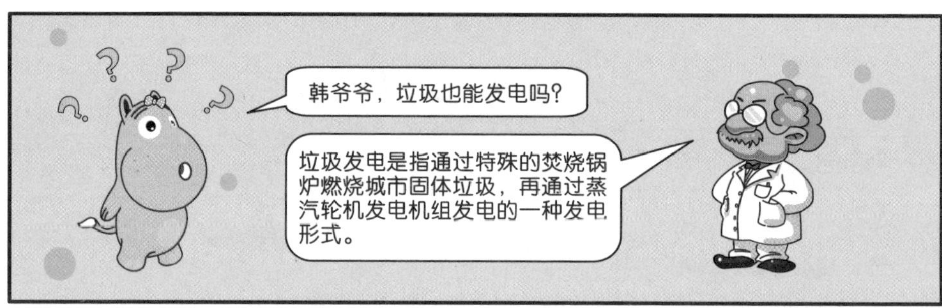

垃圾发电的类别主要分为垃圾焚烧发电和垃圾填埋发电两种方式。

垃圾发电有大大的优点呀！

是的。垃圾发电的优点在于：一是无害化。垃圾焚烧时，炉内温度一般为900摄氏度，炉心最高温度为1100摄氏度，经过焚烧，垃圾中的病原菌被彻底杀灭，从而达到无害化的目的。

二是减量化。垃圾焚烧后，灰渣只占原体积的5%，因此与垃圾填埋等其他处理方法相比，更可达到减量化的目的。三是节能效益。垃圾发电可以补充电能不足，具有明显的节能效益。世界各国的专家们都在积极研究垃圾发电，科学合理地综合处理利用垃圾。

11 垃圾发电发展历程

垃圾发电技术是什么时候开始的呢?

从20世纪70年代起，欧美一些国家开始建起了垃圾发电站，美国某垃圾发电站的发电能力高达100兆瓦，每年处理垃圾60万吨。21世纪初期以来，全球有1000多处垃圾焚烧发电站。仅仅在日本就有200多个垃圾焚烧发电站，总发电能力近1000兆瓦。

到2018年，日本的垃圾发电设备增加到379个，发电量合计2069兆瓦，是个不小的数目。德国的垃圾发电厂不仅可以处理本国的垃圾，还可以处理国外进口的垃圾。

那中国的情况如何呢?

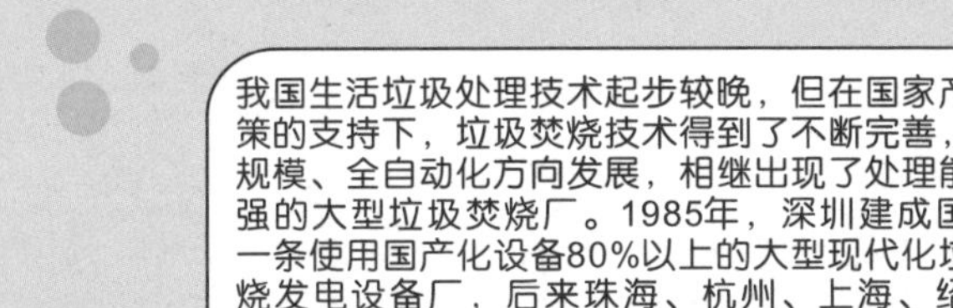
我国生活垃圾处理技术起步较晚，但在国家产业政策的支持下，垃圾焚烧技术得到了不断完善，向大规模、全自动化方向发展，相继出现了处理能力很强的大型垃圾焚烧厂。1985年，深圳建成国内第一条使用国产化设备80%以上的大型现代化垃圾焚烧发电设备厂，后来珠海、杭州、上海、绍兴等15个城市建成了20座垃圾焚烧发电厂并投入运行。

2020年后，我国垃圾焚烧发电项目超过600家。上海1亿千瓦时垃圾发电项目、成都九江环保发电厂、温岭35千伏垃圾焚烧发电厂等项目陆续建设，全国各地垃圾发电项目遍地开花，垃圾发电技术逐渐成熟。

垃圾发电的问题

垃圾发电可以变废为宝应该大力发展呀！

垃圾发电技术如果利用得当，对环境的影响可以很小。但是若对焚烧过程和尾气、残渣、废水的控制处理不当，也有可能造成二次污染，这是必须注意的。

原来垃圾发电还有负作用呀！都有哪些问题呢？

一是垃圾焚烧后二次污染问题。垃圾在高温下焚烧可灭菌、分解有害物质，但当工况变化，或尾气处理前渗漏，处理中稍有不慎等都会造成二次污染。另外如果焚烧产生的HCl、HF等酸性气体没有处理好，这些气体就会直接排入大气中，造成二次污染。

二是水资源的污染问题。垃圾输送贮运过程中，易发生泄漏、发酵，产生含有有害物质的发酵废水、滤液，如果污水处理不慎，会造成水资源污染。尾气处理的废水、废渣、粉尘也应慎重处理，避免水源污染。

三是残渣与粉尘的污染问题。垃圾焚烧后的残渣，尾气处理的固体废弃物，如不严格控制，会造成土地资源的二次污染，破坏生态环境。

看来垃圾发电也有很多问题需要注意的呀！

垃圾分类与垃圾发电

韩爷爷，垃圾分类对垃圾发电有好处吗?

是的。实际上，健全的垃圾分类是垃圾焚烧发电的前置条件，因为有许多种类的垃圾不宜用焚烧的方式处理，比如塑料燃烧或产生二噁英，会对空气造成污染。

那可怎么办呢?

通过垃圾分类，垃圾中有毒有害物质随着危险废物分离出来，减少了垃圾焚烧烟气中的重金属含量，塑料等分离出去后，也会减少二噁英等有毒有害气体的产生，烟气排放将更加洁净。据统计，垃圾分类后烟气排放中重金属物质含量减少比重为20%～22%。

同时由于更适于焚烧的垃圾作为发电的原料，可以提高垃圾的热值，对焚烧炉和余热锅炉更有益处，比如上海市实行强制垃圾分类以后，干垃圾中混装的其他垃圾大幅减少，垃圾发电焚烧炉运行稳定性明显提高，有关数据显示，与之前相比，分类后每吨垃圾可以多发10～20千瓦时电。

原来如此!

14 让细菌发电

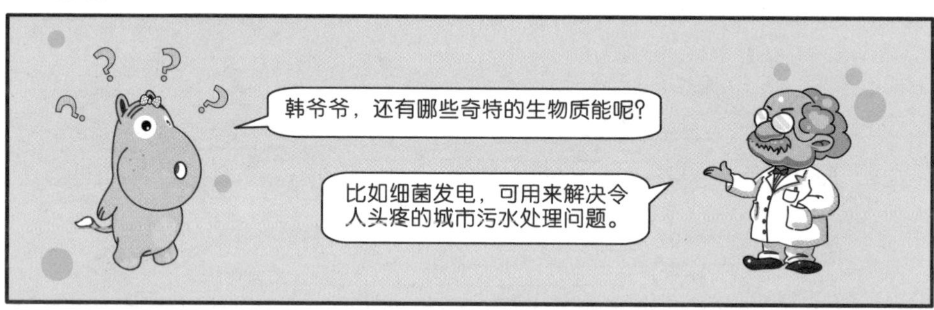

细菌培养液能够产生电流，是英国植物学家马克·比特于1910年率先发现的。当时他把用铂作的电极放进大肠杆菌的培养液里，成功制造出世界上第一个细菌电池。1984年，美国科学家设计出一种太空飞船使用的细菌电池，其电极的活性物质是宇航员的尿液和活细菌。

后来呢？

到了20世纪80年代末，细菌发电有了重大突破，英国化学家让细菌在电池组里分解分子，以释放电子向阳极运动产生电能。

其方法是在糖液中添加某些诸如染料之类的芳香族化合物作为稀释液，来提高生物系统输送电子的能力。在细菌发电期间，还要往电池里不断地充气，用以搅拌细菌培养液和氧化物质的混合物。据计算，利用这种细菌电池，每100克糖可获得1352930库仑的电能，其效率可达40%。

15 微生物燃料电池

韩爷爷，微生物燃料电池是什么呢?

就是利用细菌发电的能力做成电池装置，可以把未经过处理的污水转变成净水，同时发电。

呀！这也太神奇了吧！

微生物燃料电池（microbial fuel cell，MFC）是一种利用微生物将有机物中的化学能直接转化成电能的装置。

其基本工作原理是：在阳极室厌氧环境下，有机物在微生物作用下分解并释放出电子和质子，电子依靠合适的电子传递介体在生物组分和阳极之间进行有效传递，并通过外电路传递到阴极形成电流，而质子通过质子交换膜传递到阴极，氧化剂（一般为氧气）在阴极得到的电子被还原，与质子结合成水。

这种电池可用到什么地方呢?

微生物燃料电池可用于环保产业中对废水等有机废料的处理，对航天事业有很特别的意义，尤其是在保证航天员的正常生活环境方面，对密闭的航空器生态系统正常循环运作有特殊贡献。

秸秆煤炭

韩爷爷，听说还有一种叫作秸秆煤炭的生物质能源，那是什么东西呢？

秸秆煤炭就是用人工的方法使废弃的植物（如玉米秸秆、小麦秸秆、棉花秸秆、稻草、稻壳、花生壳、野草、树叶、树枝、树皮、锯末糖渣、食用菌渣等）为原料，经过粉碎、加压、增密成型的一种新兴的能源。

为什么要加工这些东西呢？不加工它们不是也可以做能源吗？

作物秸秆的基本成分是纤维素、半纤维素和木质素，在200～300摄氏度温度下会软化，将原料充分粉碎后，再添加适量的黏结剂与水混合，施加一定的压力使其固化成型，冷却后即得到颗粒状或棒状“秸秆煤炭”。

而加工以后可以大幅度改善秸秆的燃烧性能，热值提高，燃烧时间加长、火力更猛、火焰更高、节约操作时间；加工后的秸秆煤炭的体积只相当于同重量秸秆的1/20，从而提高运输和贮存能力；加工后的秸秆煤炭安全无污染，燃烧无烟无味，可以很好地将农作物秸秆、农林生产的废弃物等变废为宝。

原来秸秆煤炭这么有意义呀！

17 生物燃料

韩爷爷，汽车和飞机烧的汽油和柴油都是来自石油吧？

是的，现在科学家正在研究用生物燃料替代由石油制取的汽油和柴油。

生物燃料？这个没听说过！

生物燃料（biofuel）泛指由生物质组成或萃取的固体、液体或气体燃料，可以替代由石油制取的汽油和柴油，是可再生能源开发利用的重要方向。20世纪70年代以来，许多国家日益重视生物燃料的发展，并取得了显著的成效。中国的生物燃料发展也取得了一定的成绩，特别是以粮食为原料的燃料乙醇生产，已初步形成规模。

那生物燃料大规模生产是不是就可以取代石油了？

其实生物燃料取代石油还有很大的问题，研究人员发现，即使美国种植的所有玉米和大豆都用于生产生物燃料，也只能分别满足全社会汽油需求的12%和柴油需求的6%。

而玉米和大豆首先要满足粮食、饲料和其他经济需求，不可能都用来生产生物燃料，而且农业生产也需要消耗大量水资源，这一切都倘若只是为了节省石油或煤炭的使用，确实需要慎重考虑。

看来生物燃料并非大有可为。

18 生物柴油

韩爷爷，目前生物燃料都有哪些种类呢？

目前可以实现产业化生产的生物燃料主要是生物柴油和燃料乙醇两大类。

生物柴油是什么呢？

生物柴油是指植物油（如菜籽油、大豆油、花生油、玉米油、棉籽油等）、动物油（如鱼油、猪油、牛油、羊油等）、废弃油脂或微生物油脂与甲醇或乙醇经酯转化而形成的脂肪酸甲酯或乙酯。

具有某种结构符号的脂肪酸甘油酯（即甘油三酸酯）的植物油和动物脂肪通常被作为生物柴油的原料。它是最经济有效地将太阳能经由植物的光合作用，而转换为动态能源，以供柴油发动机交通车辆使用。同时它又是可再生和具有生物可分解性的植物油脂加工油品。

生物柴油是不是更清洁环保一些呢？

是的。生物柴油中硫含量低，使得二氧化硫和硫化物的排放低，可减少约30%（有催化剂时可减少70%）；生物柴油中不含对环境造成污染的芳香烃，因此产生的废气对人体损害小。

燃料乙醇

还有一种生物燃料——燃料乙醇又是什么呢?

你知道乙醇吗?乙醇又称为酒精，是以玉米、小麦、薯类、糖蜜等为原料，经发酵、蒸馏而制成。

原来燃料乙醇就是酒精呀!

燃料乙醇不是一般的酒精，而是它的加工产品，一般是指体积浓度达到99.5%以上的无水乙醇。

它是以甜高粱、玉米、木薯、海藻、雅津糖芋、苦配巴树等生物物质为原料，通过生物发酵等途径获得的可作为燃料用的乙醇。第一代燃料乙醇技术是以糖质和淀粉质作物为原料生产乙醇，第二代燃料乙醇技术是以木质纤维素质为原料生产乙醇。

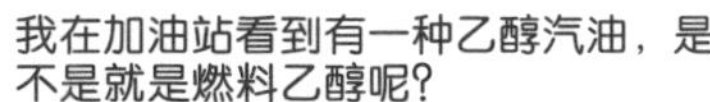

车用的乙醇汽油就是在汽油中加入一定比例的变性燃料乙醇而形成的一种新型混合燃料。燃料乙醇不仅是优良的燃料，它还是优良的燃油品改善剂。燃料乙醇是燃油的增氧剂，使汽油增加内氧，充分燃烧，以达到节能和环保的目的;燃料乙醇还可以经济有效地降低芳烃、烯烃含量，即降低炼油厂的改造费用，达到新汽油标准。

第六章

氢能和水能

1 氢元素

小武，你知道氢元素吗？

不知道呀！您给我讲讲呗！

氢（hydrogen）是一种化学元素，元素符号H，在元素周期表中位于第一位。氢通常的单质形态是氢气，无色无味无臭，是一种极易燃烧的由双原子分子组成的气体。氢是宇宙中含量最丰富的元素，但是在地球表面和大气中只存在极稀少的游离状态氢。在地壳里，如果按质量计算，氢只占总质量的1%，而如果按原子百分数计算，氢则占17%。

自然界中的氢元素分布在哪里呢？

氢在自然界中分布很广：水便是氢的“仓库”——氢在水中的质量分数为11%；泥土中约有1.5%的氢；石油、天然气、动植物也含氢。在空气中，氢气倒不多，约占总体积的千万分之五。

但是在整个宇宙中，按原子百分数来说，氢却是最多的元素。据研究，在太阳的大气中，按原子百分数计算，氢占81.75%。在宇宙空间中，氢原子的数目比其他所有元素原子数的总和约大100倍。

2 氢元素的发现

科学家们是怎样发现氢元素的呢?

早在16世纪，瑞士科学家巴拉塞尔苏斯就发现了氢气。他说："把铁屑投到硫酸里，就会产生气泡，像旋风一样腾空而起。"他还发现这种气体可以燃烧。

但是，当时的人们并不认识这种气体。1766年，英国化学家卡文迪什对这种气体产生了兴趣，他用排水法收集了新气体，发现该气体很轻，只有同样体积空气重量的6.9%，这种气体不能帮助蜡烛燃烧，也不能帮助动物呼吸，如果把它和空气混合在一起，一遇火星就会爆炸。

卡文迪什经过多次实验终于发现了这种新气体与普通空气混合后发生爆炸的极限。他在论文中写道：如果这种可燃性气体的含量在9.5%以下或65%以上，点火时虽然会燃烧，但不会爆炸。随后不久他测出了这种气体的比重，接着又发现这种气体燃烧后的产物是水，无疑这种气体就是氢气了。但卡文迪什受了"燃素说"的影响，坚持认为水是一种元素，不认为自己无意中发现了一种新元素。

1787年，法国化学家拉瓦锡经过详尽研究，正式提出"氢"是一种元素，因为氢燃烧后的产物是水，便用拉丁文把它命名为"水的生成者"。

原来氢元素的发现还有这样的故事。

氢能的最初利用

氢气是什么时候被人们作为燃料使用的呢？
人们把氢气作为内燃机的燃料也有很长的历史。人类历史上第一款氢气内燃机的历史可以上溯到1807年，瑞士人伊萨克·德·里瓦茨制成了单缸氢气内燃机。

他把氢气充进气缸，氢气在气缸内燃烧最终推动活塞往复运动。该项发明在1807年1月30日获得法国专利，这是第一个关于汽车产品的专利。

但由于受当时的技术水平所限，制造和使用氢气远比使用蒸汽、汽油等资源复杂，氢气内燃机于是被蒸汽机、柴油机和汽油机“淹没”。
原来氢气早就被当作燃料使用了！

人们还利用氢气比空气轻的特点，让氢气球飞上蓝天。1901年，巴西人制作了使用氢气的飞艇，第一次世界大战结束后，飞艇开始风靡世界，后来由于氢气飞艇的大爆炸事故才使得氢气飞艇被氦气飞艇所取代。

4 用于火箭的氢燃料

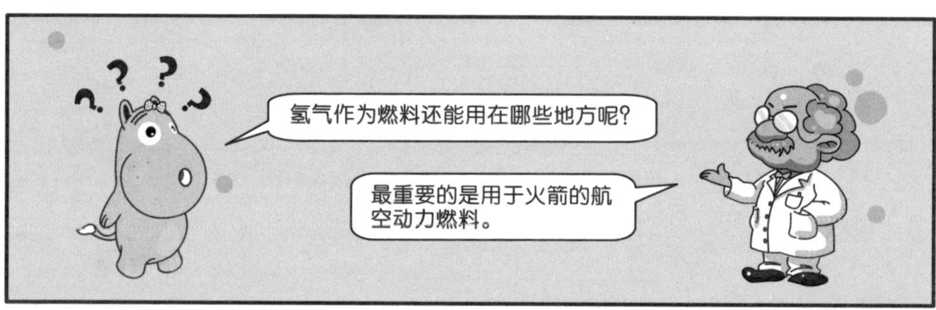
氢气作为燃料还能用在哪些地方呢?
最重要的是用于火箭的航空动力燃料。

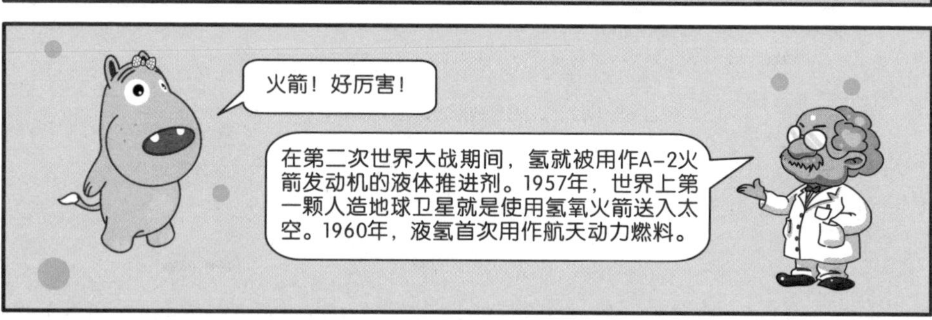
火箭！好厉害！
在第二次世界大战期间，氢就被用作A-2火箭发动机的液体推进剂。1957年，世界上第一颗人造地球卫星就是使用氢氧火箭送入太空。1960年，液氢首次用作航天动力燃料。

1969年，美国发射的“阿波罗”登月飞船使用的起飞火箭也是用液氢作燃料，实现了人类首次登月的壮举。现在氢已是火箭领域的常用燃料了。
为什么航空动力会经常使用氢燃料呢?

对于现代航天器而言，减轻燃料自重，增加有效载荷变得更为重要。氢的能量密度很高，是普通汽油的3倍，这意味着航天器以氢作为燃料，其自重可减轻2/3，这对航天器无疑是极为有利的。同时，氢气燃烧时与氧气化合生成水，对人类和自然环境不会产生影响。
原来是这样啊！

5 氢燃料电池

用于火箭的氢燃料能不能在我们平时生活中作为燃料使用呢？
虽说不能直接把它用于生活中，但科学家们正在研究氢燃料电池！

氢燃料电池是什么？
简单地说，氢燃料电池是将氢气和氧气的化学能直接转换成电能的发电装置。其基本原理是电解水的逆反应，把氢和氧分别供给阳极和阴极，氢通过阳极向外扩散和电解质发生反应后，放出电子通过外部的负载到达阴极。

这样的电池跟我们平时用的电池有什么不一样吗？
干电池、蓄电池是一种储能装置，是把电能贮存起来，需要时再释放出来；而氢燃料电池严格地说是一种发电装置，像发电厂一样，是把化学能直接转化为电能的电化学发电装置。另外，氢燃料电池的电极用特制多孔材料制成，这是氢燃料电池的一项关键技术，它不仅要为气体和电解质提供较大的接触面，还要对电池的化学反应起催化作用。

这样的话，难度更大了！
是的，所以现在氢燃料电池还有许多科学问题需要科学家们去研究呢！

氢能动力汽车

小武，你知道吗，在2008年北京奥运会时，有20辆中国自己研制的氢能动力汽车在北京为奥运会服务。

氢能动力汽车！它们是用氢能作为燃料使用吗？

是的。这20辆氢燃料电池轿车是基于大众帕萨特领驭车型，通过改制和集成最新一代燃料电池轿车动力系统平台而成功研发出来的。它们以氢气为能源，经氢氧化学反应生成水，真正实现零污染。

据悉，这批氢燃料电池车，最大输出功率高达60千瓦，燃料消耗仅为每百公里1.2千克氢气，大约相当于4升92号汽油，加一次氢可跑300多公里，时速达每小时140~150公里。

氢能动力汽车真的好厉害！

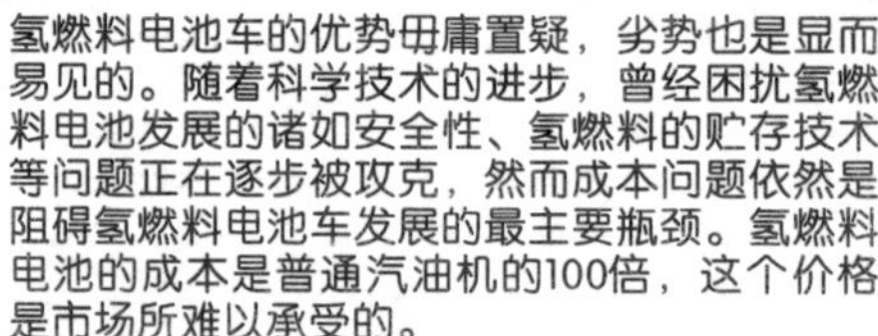

氢燃料电池车的优势毋庸置疑，劣势也是显而易见的。随着科学技术的进步，曾经困扰氢燃料电池发展的诸如安全性、氢燃料的贮存技术等问题正在逐步被攻克，然而成本问题依然是阻碍氢燃料电池车发展的最主要瓶颈。氢燃料电池的成本是普通汽油机的100倍，这个价格是市场所难以承受的。

氢能动力飞机

氢能可以作为燃料动力用在飞机上吗？

这方面人们也在研究中。波音公司于2008年2月至4月成功试飞了以氢燃料电池为动力源的一架小型飞机。这次成功试飞具有历史意义。

氢能真的用在飞机上了！

这架小型飞机起飞及爬升过程使用传统电池与氢燃料电池提供的混合电力。爬升至海拔1000米巡航高度后，飞机切断传统电池电源，只靠氢燃料电池提供动力。

飞机在1000米高空飞行了约20分钟，时速约100公里。这架小型飞机由奥地利“钻石”（diamond）双座螺旋桨动力滑翔机改装而成，飞机内安装了质子交换膜燃料电池和锂离子电池。小型飞机翼展16.3米，机身长6.5米，重约800千克，可容纳两人。试飞过程中，机上只有飞行员一人。

在机舱内，传统电池安放于唯一的乘客座位上，飞行员座椅背后有一个类似潜水员使用的氧气罐。这架飞机连续飞行时间最长为45分钟。氢燃料电池通过氢转化为水的过程产生电流，不产生温室气体。除热量以外，水蒸气是氢燃料电池产生的唯一副产品。这在世界航空史上尚属首次，预示航空工业未来将更加环保。

常规的制氢技术

氢能有这么多优点，那氢气怎么来呢？

常规的制氢技术有煤气化制氢、天然气制氢、甲醇水蒸气重整制氢、电解水制氢、工业副产制氢等。煤气化制氢是以煤炭气化，然后经过一氧化碳变换和分离、提纯等处理而获得一定纯度的产品氢，天然气制氢是以天然气为氢气的主要来源，这些都是化石燃料制氢。

用化石燃料制氢是不是存在污染问题呢？

是的。化石燃料制氢具有成本低，来源广泛，适合大规模制取的特点，但是存在环境污染问题。另一种方法是电解水制氢，这种方法是在充满电解液的电解槽中通入直流电，水分子在电极上发生电化学反应，分解成氢气和氧气。这样生产的氢气纯度高、杂质含量少。

但这种制备方法技术发展不太成熟，且成本较高，很难进行大型化的生产。

还有一种是工业副产制氢，这种方法是不是很好呢？

工业副产制氢是从焦炉煤气、氯碱尾气、石油裂解等产品生产过程的副产物中提纯氢气的技术。该技术成本低廉、不会产生额外碳排放且分布广泛，但受技术的限制，所制取的氢气纯度较低。

看来每种方法都有利有弊呀！

 太阳能制氢技术

氢能又环保又丰富，以后会成为大家日常用的能源吗？

氢能确实是未来的理想能源，但必须解决工业化生产的问题。

常规的制氢方法经济上不合算，资源利用上也不太合理，而且还会造成污染，因此科学家把研究方向指向了太阳能，希望利用太阳能作为一次能源，来制造氢能。

这真是个好的想法，研究情况怎么样呢？

针对这个想法不同的学者提出了不同办法，比如有人主张用太阳能电解水制氢，也有人主张用太阳能热化学方法制氢，还有人提议用太阳能化学制氢、太阳能光解水制氢、太阳能热解水制氢等。

但是仍然有很多实际的问题，比如：光电化学制氢的研究关键是高效率、低成本的单结和多结太阳电池的研究；光催化制氢的研究关键在于光催化基本理论的研究以及高效率、低成本、长寿命光催化材料的合成。

看来这个想法要成为现实还需要更多研究！

生物制氢技术

韩爷爷，为了能更好利用氢能，科学家们是不是研究了更多新的制氢技术呢？

是的，生物制氢技术就是其中一种。

您能讲讲生物制氢吗？

生物制氢是指生物质通过气化和微生物催化脱氢方法制氢。其实质是将生物质能转化为氢能。主要有发酵细菌产氢、光合细菌产氢、非光合生物可降解大分子物质产氢等。但生物制氢技术尚未完全成熟，在大规模应用之前尚需深入研究。

科学家们主要是研究哪些问题呢？

科学家已经研究的产氢生物类群有光合生物（如绿藻、蓝细菌和厌氧光合细菌）、非光合生物（如严格厌氧细菌、兼性厌氧细菌和好氧细菌）等。

目前研究大多集中在纯细菌和细胞固定化技术上，如产氢菌种的筛选及包埋剂的选择等。在生物制氢方法中，发酵细菌的产氢速率最高，而且对条件要求最低，具有直接应用前景；而光合细菌产氢的速率比藻类快，能量利用率比发酵细菌高，且能将产氢与光能利用、有机物的去除有机地耦合在一起，因此相关研究也最多，也是具有潜在应用前景的一种方法。

11 储氢技术

要是能解决氢气的生产问题，我们就可以用上洁净的氢能了吧！

氢能利用还有一个比较棘手的问题就是储氢。因为氢气很轻，又容易发生爆炸，是一种不便携带又不安全的气体，要想有效利用氢能，还需要解决氢气的储存和运输问题。

哎哟，这也是一个很麻烦的问题！

全球氢气储运主要有四种技术：高压气态储氢技术、低温液态储氢技术、固态储氢技术及有机物液体储氢技术。

高压气态储氢技术比较成熟，且优点明显，是现在主要的储氢技术，但高压存有安全隐患和体积容量比低的问题。低温液态储氢技术成本高昂目前主要用于航天航空。固态储氢技术应用在燃料电池汽车上优点十分明显，但现在仍存有技术上的难题，从长期来看，其发展潜力比较大。

有机物液体储氢技术相比于其他技术而言，具有独一无二的安全性和运输便利性，但该技术尚有较多的技术难题，未来会极具应用前景。

希望科学家们能早日解决这些麻烦问题。

水能

韩爷爷，水能是怎么回事呢？

水能是指水体的动能、势能、压力能等能量资源。你听说过“水往低处流”吧！我们利用水的流动产生的能量，就是水能。

哦！那水能是一种清洁能源、绿色能源吧！

是的。水能是一种可再生能源，水的落差在重力作用下形成动能，从河流或水库等高位水源处向低位处引水，利用水的压力或者流速冲击水轮机，使之旋转，从而将水能转化为机械能。

而低处的水通过阳光照射，形成水蒸气，循环到地球各处，从而恢复高位水源的水分布。水不仅可以直接被人类利用，它还是能量的载体。太阳能驱动地球上水循环，使之持续进行。地表水的流动是重要的一环，在落差大、流量大的地区，水能资源丰富。随着矿物燃料的日渐减少，水能是非常重要且前景广阔的替代资源。

世界上水力发电已有很长历史。河流、潮汐、波浪、涌浪等水运动均可以用来发电。

水能真是很好的清洁绿色能源呀！

13 水能资源

韩爷爷，人们常说的水能资源有哪些呢？

从广义上来说，人们把河流水能、潮汐水能、波浪能、海流能等能量资源都统称为水能资源；而在狭义上的水能资源指的是河流的水能资源。

古代的水车不就是利用水能吗？

对呀，人类利用水能的历史悠久，早在2000多年前，埃及、中国和印度已出现水车、水磨、水碓等利用水能用于农业生产。

18世纪开始有新型水力站，18世纪末这种水力站发展成为大型工业的动力，用于面粉厂、棉纺厂和矿石开采。直到高压输电技术发展、水力交流发电机发明后，水能才被大规模开发利用。到20世纪90年代初，人类在大规模利用河流水能资源的同时，潮汐水能也得到了较成功的利用，而人类正在对波浪能和海流能资源进行开发研究。

那地球上到底有多少水能资源呢？

全世界每年江河的理论水能资源为48.2万亿千瓦时，技术上可开发的水能资源为19.3万亿千瓦时。中国的江河水能理论蕴藏量为6.91亿千瓦，每年可发电6万多亿千瓦时，可开发的水能资源约3.82亿千瓦，年发电量为1.9万亿千瓦时。

水能资源综合利用

韩爷爷，这么好的水能资源该怎么利用呢?

天然河道或海洋内的水体，具有位能、压能和动能三种机械能。水能利用是水资源综合利用的一个重要组成部分。

近代大规模的水能资源综合利用往往涉及整条河流的综合开发，或涉及全流域甚至几个国家的能源结构及规划等。它与国家的工农业生产和人民的生活水平提高息息相关。因此，人们需要在对地区的自然和社会经济综合研究基础上，进行微观和宏观决策。

这么复杂呀!

水能资源综合开发利用的目标是让水利发挥最大的作用，因此水电站的设计决策不仅包括水电站的基本参数选择和运行、调度设计等，更重要的应该包括河流综合利用和梯级方案选择、地区水能规划、电力系统能源结构和电源选择规划等。

实施水能利用需要应用到水文、测量、地质勘探、水能计算、水力机械和电气工程、水工建筑物和水利工程施工及运行管理以及整体的环境保护等范围广泛的各种专业技术。

15 中国水能资源分布

韩爷爷，中国应该有很多水能资源吧！

是的。中国河流山川的水能资源是全世界最多的，是世界上水电能资源最丰富的国家之一。

中国的水能分布是怎么样的呢？

从空间分布上看，中国水能资源西多东少，大部分集中于西部和中部。

在全国可能开发的水能资源中，东部的华东、东北、华北三大区仅占6.8%，中南地区占15.5%，西北地区占9.9%，西南地区占67.8%，其中，除西藏以外，川、渝、云、贵四省市占全国的50.7%。从时间分布上看，中国气候受季风影响，降水和径流在年内分配不均，夏秋季4～5个月的径流量占全年的60%～70%，冬季径流量很少，因此水电站的季节性电能较多。

另外中国地少人多，建水库往往受淹没损失的限制，而在深山峡谷河流中建水库，虽可减少淹没损失，但需建高坝，工程较艰巨。同时中国大部分河流，特别是中下游，往往有防洪、灌溉、航运、供水、水产、旅游等综合利用要求，因此更需要水能资源的综合开发。

水力发电

韩爷爷，水能利用就是水力发电吗？

水力发电（water power）是利用河流、湖泊等位于高处具有势能的水流至低处，将其中所含势能转换成水轮机之动能，再借水轮机为原动力，推动发电机产生电能。目前，水力发电是水能利用的主要方式，故通常把水电作为水能的代名词。

什么时候开始水力发电的呢？

世界上水力发电是从小水电站开始的。美洲最早的水电站建于美国威斯康星州，于1882年9月开始发电，装机容量25千瓦。欧洲第一座商业性水电站是意大利的特沃利水电站，于1885年建成，装机容量65千瓦。

19世纪90年代起，水力发电在北美、欧洲许多国家受到重视，利用山区湍急河流、跌水、瀑布等优良地形位置修建了一批数十至数千千瓦的水电站。1895年，美国与加拿大边境的尼亚加拉瀑布处建造了一座大型水轮机驱动的3750千瓦水电站。进入20世纪以后，长距离输电技术的发展，使边远地区的水力资源逐步得到开发利用，并向城市及用电中心供电。

原来水力发电技术也在一直不断进步呀！

是的。随着水电建设的速度越来越快、规模越来越大，许多科学家不断研究水电建设的各种问题，也带动了筑坝、机械、电气、输电等科学技术的进步。

田纳西河流域综合开发

韩爷爷，国外利用水力发电的情况是怎么样的呢？

美国是世界上水电开发比较早的国家，已有100多年的历史。据统计，1920年，水电装机容量4800兆瓦，1950年发展到1.8万兆瓦，1998年达到9.4万兆瓦。其中，最著名的是田纳西河流域的综合开发。

田纳西河流域？

田纳西河位于美国东南部，是密西西比河的二级支流，是俄亥俄河的一级支流，长1050千米，流域面积10.5万平方千米，地跨弗吉尼亚、北卡罗来纳、佐治亚、亚拉巴马、密西西比、田纳西和肯塔基7个州。

田纳西河发源于弗吉尼亚州，向西汇入密西西比河的支流俄亥俄河。流域内雨量充沛、气候温和，年降水量在1100~1800毫米，多年平均年降水量1320毫米。距河口36千米的肯塔基坝址，多年平均年径流量573亿立方米，年平均流量1818米每秒。历史上田纳西河流域是美国最贫穷落后的地区之一。由于森林遭到破坏、水土流失严重，经常暴雨成灾、洪水为患。

1933~1945年，田纳西河流域管理局在田纳西河流域进行集中的综合开发，在流域内建成了38座综合利用工程，共装机3300兆瓦，开发利用程度达到87%，也使得美国雨量最大的地区之一——田纳西河流域再没有洪水泛滥。

 欧洲的水力发电

韩爷爷，欧洲哪些国家的水力发电比较多呢？

比如挪威国土面积38.5万平方公里，山地和高原面积占全国国土面积的2/3，高原湖泊众多，地形高差大，水能资源较丰富。

理论每年水能蕴藏量5600亿千瓦时，按人口平均每年每人4.6万千瓦时，是世界上人均水能蕴藏量最高的国家。挪威于1885年建成第一座小水电站，而且水电在电力工业中的比重长期维持在99%左右，几乎全部靠水电。

还有其他国家也是依靠水力发电提供能源吗？

瑞士国土面积4.1万平方公里，境内多高山，地形高差很大。瑞士的技术可开发水能资源每年为410亿千瓦时，平均每年每平方公里有99.3万千瓦时，是世界上水能资源最集中的国家。

瑞士在高山峡谷区所建的高坝不少，坝高在100米以上的有25座，其中超过200米的有4座。最高的为大狄克逊坝，高285米，其总库容4亿立方米，是瑞士最大的水库。

这些国家都是山多谷深，因此水力发电是它们的主要能源来源。

中国的水力发电

韩爷爷，中国什么时候开始水力发电的呢？

中国最早的水电站建设在台湾省，而中国大陆第一座水电站为建于云南省螳螂川上的石龙坝水电站，始建于1910年7月，并于1912年发电，当时装机容量480千瓦，以后又分期改建、扩建，最终装机容量达6000千瓦。

中华人民共和国成立前，全国建成和部分建成的水电站共42座，总装机容量36万千瓦，1949年底，中国水电站装机容量为16.3万千瓦。

新中国的水力发电水平是怎么样的呢？

中华人民共和国成立以后，水电建设有了较大发展，以单座水电站装机容量25万千瓦以上为大型水电站、2.5万～25万千瓦为中型水电站、2.5万千瓦以下为小型水电站，大、中、小并举，建设了一批大型骨干水电站，其中最大的水电站为在长江上的三峡大坝。在一些河流上建设了一大批中型水电站，其中有一些还串联为梯级。

2010年8月25日，云南省华能小湾水电站四号机组（装机容量70万千瓦）正式投产发电，成为中国水电装机容量突破2亿千瓦标志性机组，我国水力发电总装机容量由此跃居世界第一。

中国的水力发电真了不起！

20 长江三峡水利枢纽工程

韩爷爷，说到水利工程最著名的应该是中国的三峡大坝吧！

长江三峡水利枢纽工程，简称三峡工程，是中国长江中上游段建设的大型水利工程项目，分布在重庆市到湖北省宜昌市的长江干流上，大坝位于三峡西陵峡内的宜昌市夷陵区三斗坪，并和其下游不远的葛洲坝水电站形成梯级调度电站。它是世界上规模最大的水电站，也是中国有史以来建设的最大型的工程项目。

世界之最呀！是我们中国人民的骄傲！

早在民国初期，孙中山先生在《建国方略》里就预想过建设三峡工程。1954年，长江流域发生了20世纪以来的最大洪水，国家正式提出修建三峡大坝的方案。

1956年，毛泽东主席在武汉畅游长江后写下了“更立西江石壁，截断巫山云雨，高峡出平湖”的著名诗句。1970~1981年葛洲坝第一期工程完成。1992年4月3日第七届全国人大第五次会议通过了《关于兴建长江三峡工程的决议》，2012年10月30日，三峡水库水位升至175米，标志着世界最大水利枢纽三峡工程顺利完成175米试验性蓄水。

这真是一个世纪的伟大梦想！

三峡工程堪称为世界级工程的前列，是中国实施跨世纪经济发展战略的一个宏大工程，对提高中国的综合国力有着十分重大的战略意义。

第七章 其他能源

1 海洋能

韩爷爷，海洋是地球生命的摇篮。
你知道吗，海洋也蕴藏着巨大的能源。

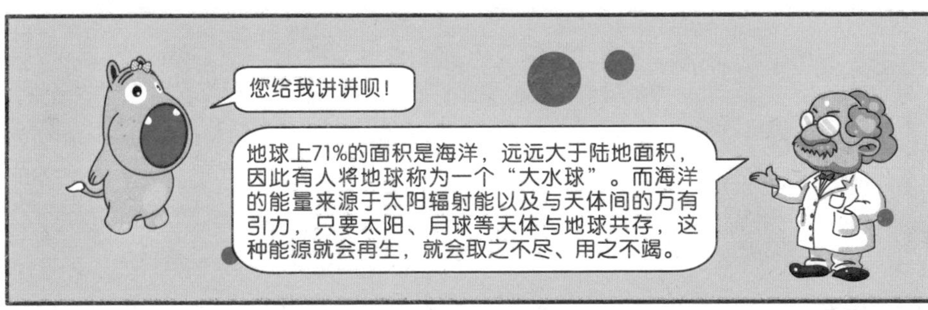
您给我讲讲呗！
地球上71%的面积是海洋，远远大于陆地面积，因此有人将地球称为一个“大水球”。而海洋的能量来源于太阳辐射能以及与天体间的万有引力，只要太阳、月球等天体与地球共存，这种能源就会再生，就会取之不尽、用之不竭。

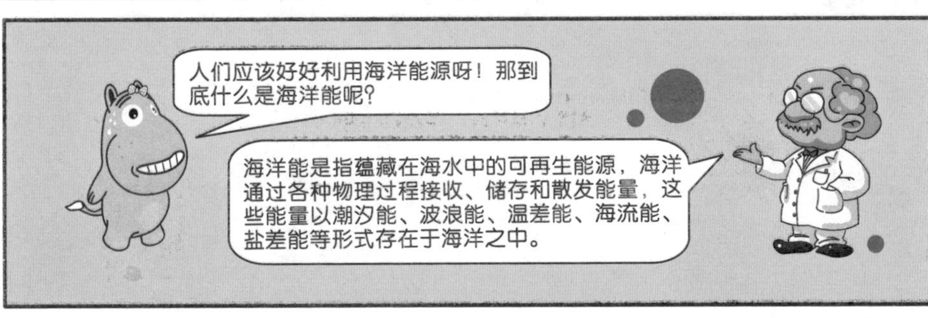
人们应该好好利用海洋能源呀！那到底什么是海洋能呢？
海洋能是指蕴藏在海水中的可再生能源，海洋通过各种物理过程接收、储存和散发能量，这些能量以潮汐能、波浪能、温差能、海流能、盐差能等形式存在于海洋之中。

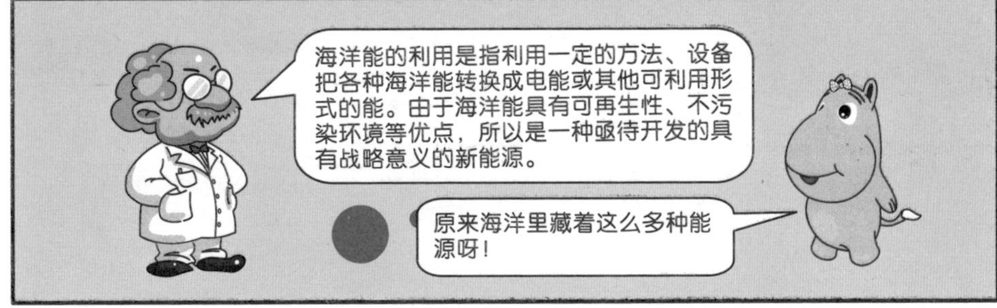
海洋能的利用是指利用一定的方法、设备把各种海洋能转换成电能或其他可利用形式的能。由于海洋能具有可再生性、不污染环境等优点，所以是一种亟待开发的具有战略意义的新能源。
原来海洋里藏着这么多种能源呀！

2 潮汐能

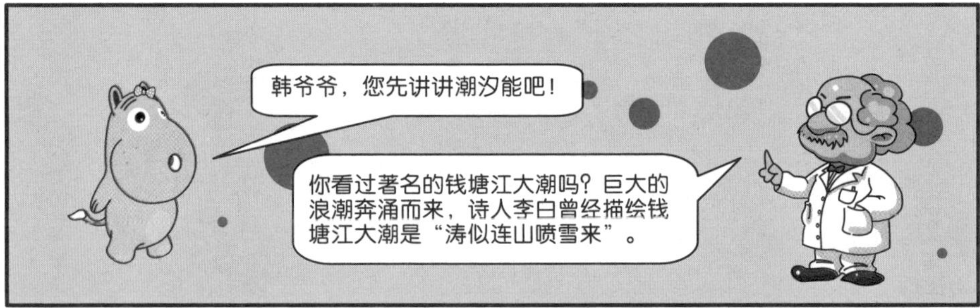
韩爷爷，您先讲讲潮汐能吧！
你看过著名的钱塘江大潮吗？巨大的浪潮奔涌而来，诗人李白曾经描绘钱塘江大潮是“涛似连山喷雪来”。

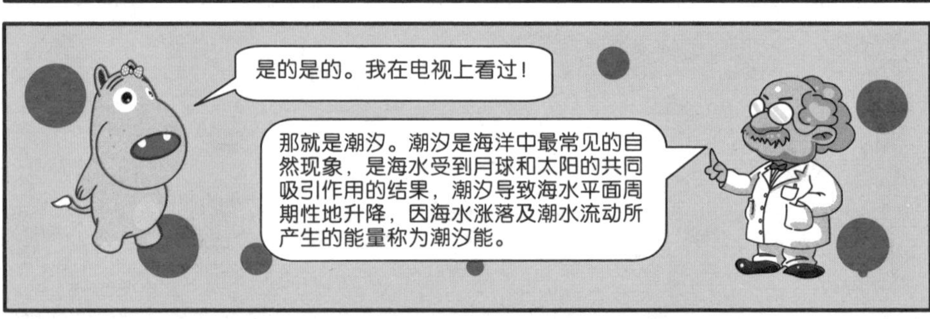
是的是的。我在电视上看过！
那就是潮汐。潮汐是海洋中最常见的自然现象，是海水受到月球和太阳的共同吸引作用的结果，潮汐导致海水平面周期性地升降，因海水涨落及潮水流动所产生的能量称为潮汐能。

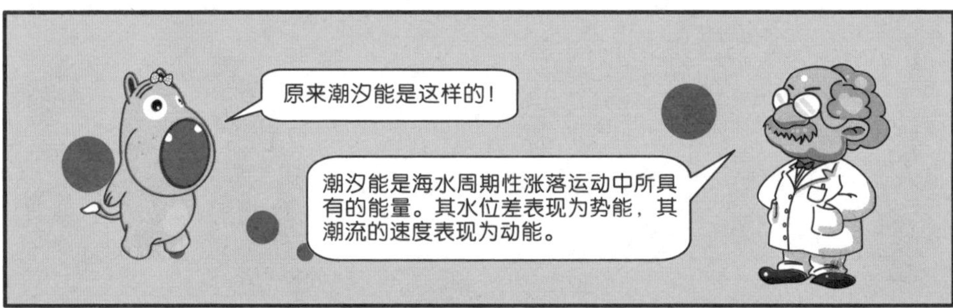
原来潮汐能是这样的！
潮汐能是海水周期性涨落运动中所具有的能量。其水位差表现为势能，其潮流的速度表现为动能。

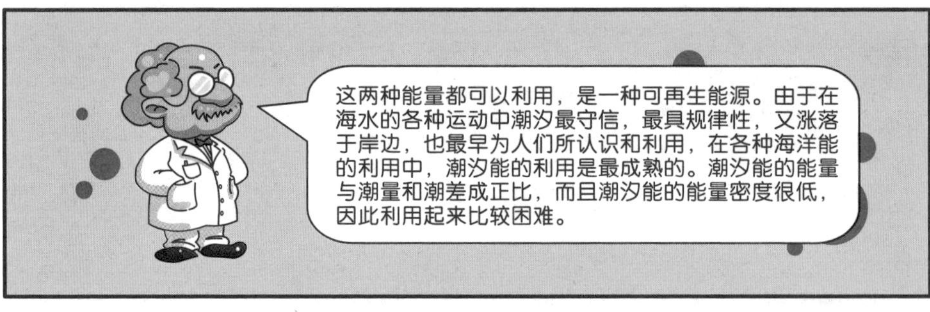
这两种能量都可以利用，是一种可再生能源。由于在海水的各种运动中潮汐最守信，最具规律性，又涨落于岸边，也最早为人们所认识和利用，在各种海洋能的利用中，潮汐能的利用是最成熟的。潮汐能的能量与潮量和潮差成正比，而且潮汐能的能量密度很低，因此利用起来比较困难。

③ 潮汐电站

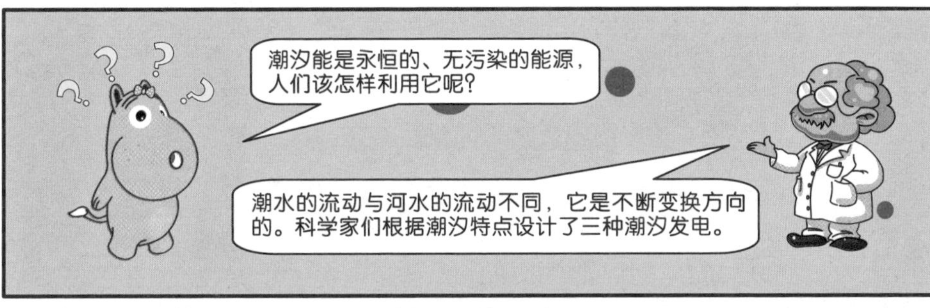

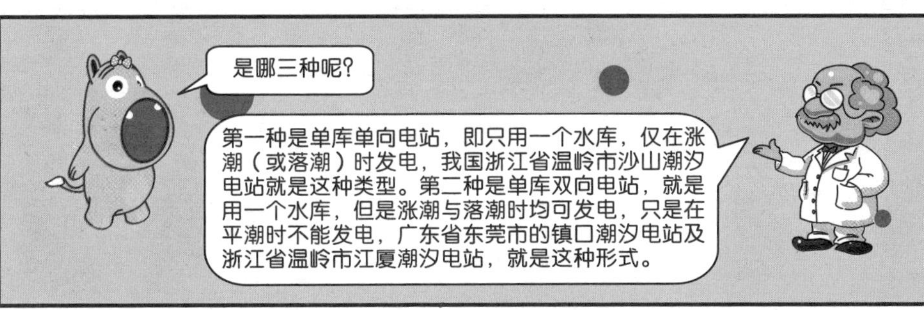

第三种是双库双向电站，它是用两个相邻的水库，使一个水库在涨潮时进水，另一个水库在落潮时放水，这样前一个水库的水位总比后一个水库的水位高，故前者称为上水库，后者称为下水库。水轮发电机组放在两水库之间的隔坝内，两水库始终保持着水位差，故可以全天发电。

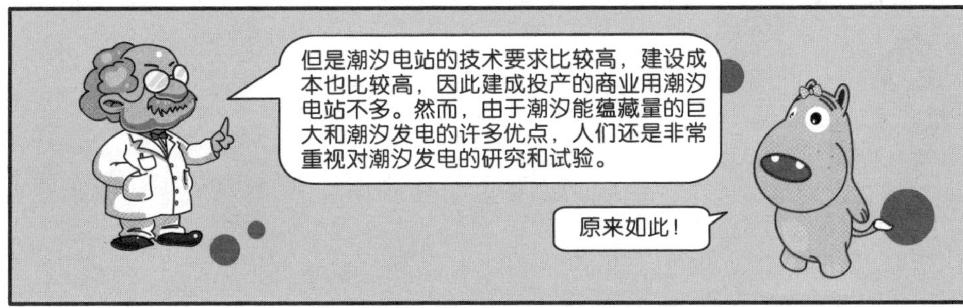

 潮汐电站的发展

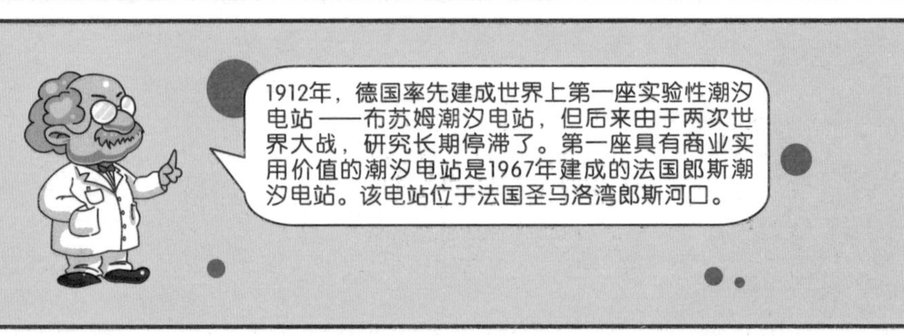

郎斯河口最大潮差13.4米，平均潮差8米。一道750米长的大坝横跨郎斯河。坝上是通行车辆的公路桥，坝下设置船闸、泄水闸和发电机房。郎斯潮汐电站机房中安装有24台双向涡轮发电机，涨潮、落潮都能发电。总装机容量24万千瓦，年发电量5亿多千瓦时，输入国家电网。

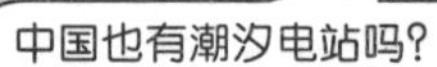

1957年，我国在山东建成了第一座潮汐发电站。1978年8月1日，山东乳山县白沙口潮汐电站开始发电，年发电量230万千瓦时。1980年8月4日，我国第一座“单库双向”式潮汐电站——江厦潮汐试验电站正式发电，装机容量为3000千瓦，年平均发电1070万千瓦时，其规模仅次于法国朗斯潮汐电站，是当时世界第二大潮汐发电站。

⑤ 波浪能

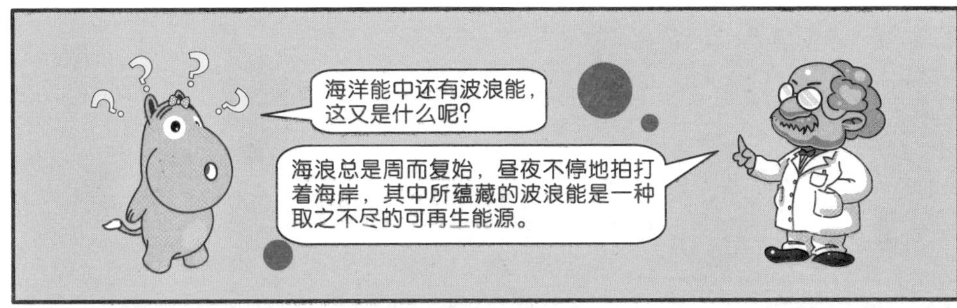
海洋能中还有波浪能，
这又是什么呢？
海浪总是周而复始，昼夜不停地拍打着海岸，其中所蕴藏的波浪能是一种取之不尽的可再生能源。

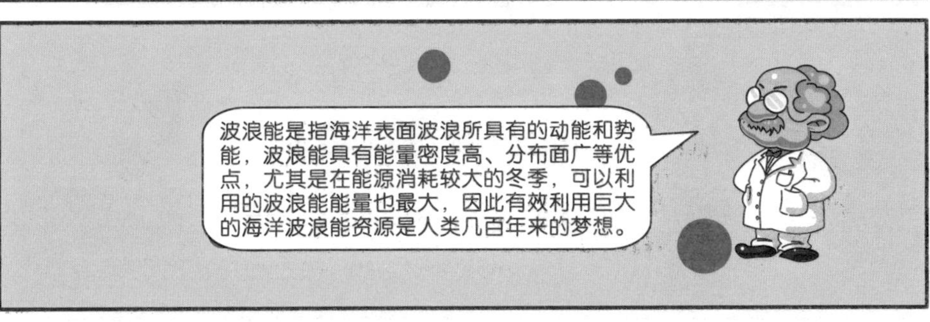
波浪能是指海洋表面波浪所具有的动能和势能，波浪能具有能量密度高、分布面广等优点，尤其是在能源消耗较大的冬季，可以利用的波浪能能量也最大，因此有效利用巨大的海洋波浪能资源是人类几百年来的梦想。

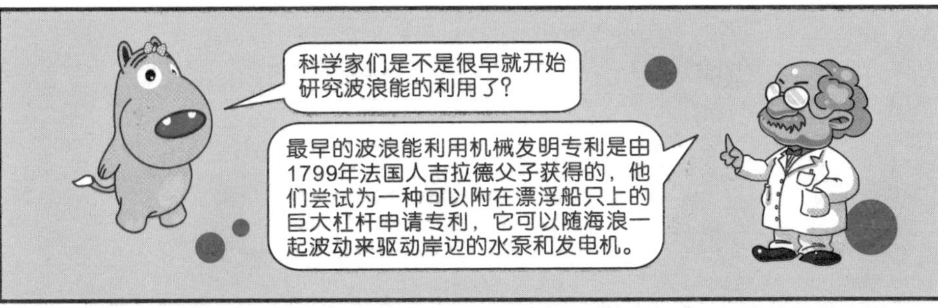
科学家们是不是很早就开始研究波浪能的利用了？
最早的波浪能利用机械发明专利是由1799年法国人吉拉德父子获得的，他们尝试为一种可以附在漂浮船只上的巨大杠杆申请专利，它可以随海浪一起波动来驱动岸边的水泵和发电机。

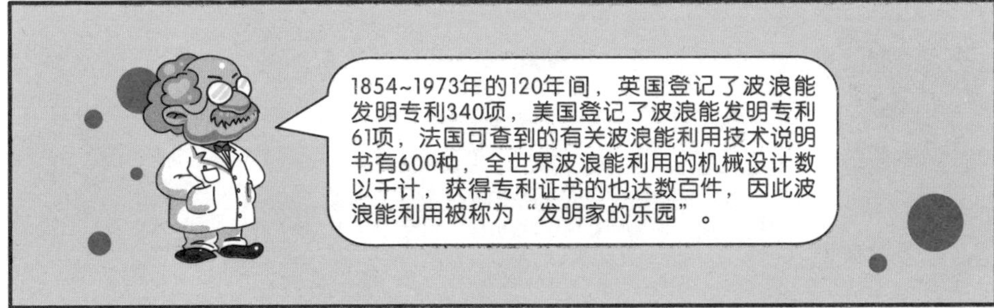
1854~1973年的120年间，英国登记了波浪能发明专利340项，美国登记了波浪能发明专利61项，法国可查到的有关波浪能利用技术说明书有600种，全世界波浪能利用的机械设计数以千计，获得专利证书的也达数百件，因此波浪能利用被称为“发明家的乐园”。

波浪能发电

按波浪能的利用方式，波浪能发电可大致分为利用波浪能的垂直运动、利用波浪能的水平运动、利用波浪的水压、利用波浪水质点的运动等形式。按波浪能的装置的结构形式可分为振荡水柱式、摆式越浪式、筏式、鸭式、振荡浮子式和聚波式等装置。

按基本原理又可分为利用物体在波浪作用下产生的振荡和摇摆运动、利用波浪压力的变化、利用波浪沿岸爬升时产生的水势能三种方式，而这三种方式也就是我们通常所指的气动式、液动式和蓄水式。

波浪能发电系统是什么样的装置呢?

波浪能发电系统可分为能量采集系统和能量转换系统两部分。能量采集系统的作用是捕获波浪能，还通过一些技术来提高波浪能捕获量。能量转换系统的作用是把捕获的波浪能转换为某种特定形式的机械能或电能。

7 海洋温差能

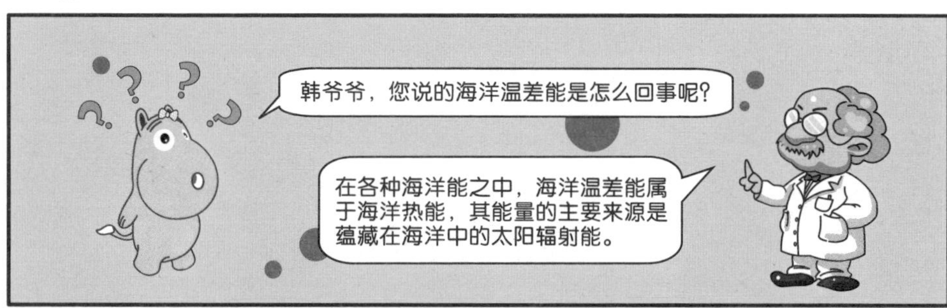
韩爷爷，您说的海洋温差能是怎么回事呢？
在各种海洋能之中，海洋温差能属于海洋热能，其能量的主要来源是蕴藏在海洋中的太阳辐射能。

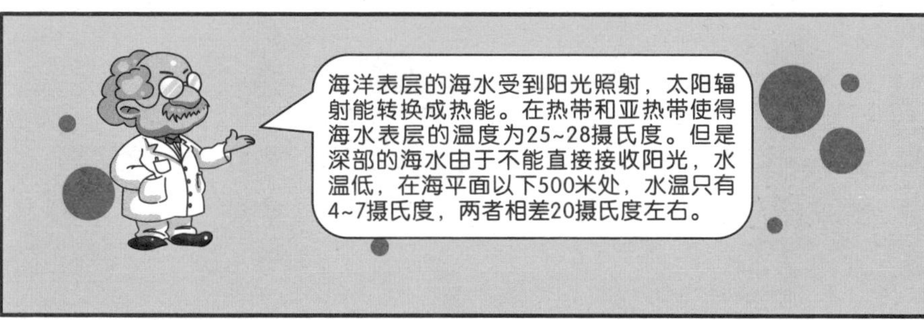
海洋表层的海水受到阳光照射，太阳辐射能转换成热能。在热带和亚热带使得海水表层的温度为25~28摄氏度。但是深部的海水由于不能直接接收阳光，水温低，在海平面以下500米处，水温只有4~7摄氏度，两者相差20摄氏度左右。

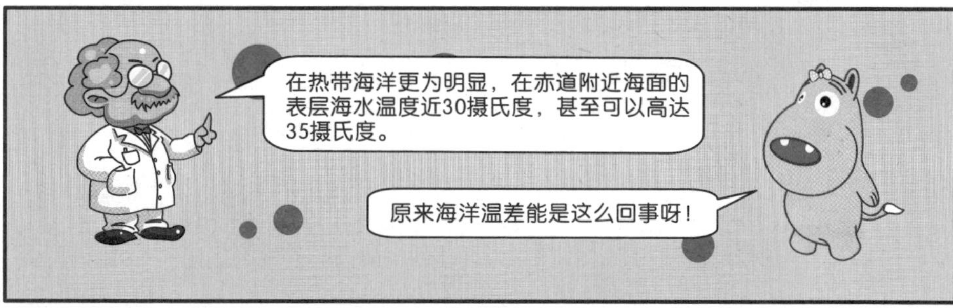
在热带海洋更为明显，在赤道附近海面的表层海水温度近30摄氏度，甚至可以高达35摄氏度。
原来海洋温差能是这么回事呀！

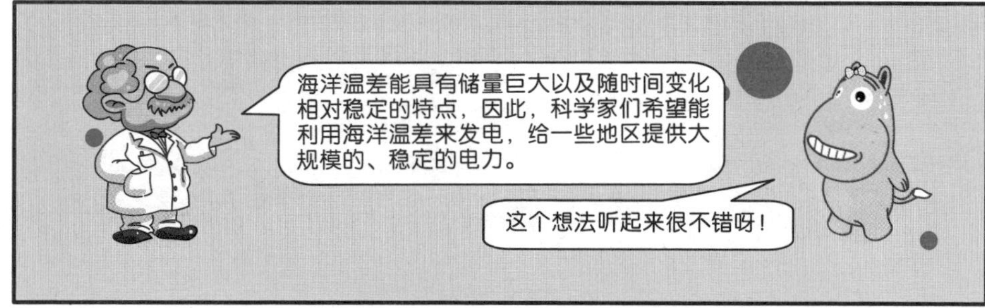
海洋温差能具有储量巨大以及随时间变化相对稳定的特点，因此，科学家们希望能利用海洋温差来发电，给一些地区提供大规模的、稳定的电力。
这个想法听起来很不错呀！

8 温差发电

您说的利用海洋温差能发电的想法有没有实施呢？
早在1881年，法国物理学家阿松瓦尔就提出了海洋温差发电的设想。直到1929年才由法国工程师克劳德建立起试验装置，证实了海洋温差发电的可能性。但是当时限于技术、材料、资金等诸多问题，未能真正建造海洋温差发电站。

后来有没有继续研究呢？
又过去了半个多世纪，到1979年第二次石油危机，美国能源部不惜重金在海洋温差条件最佳的夏威夷岛上进行了海洋热能转换研究，由夏威夷自然能源实验室负责，利用一艘268吨的海军驳船安装海洋温差发电试验台。

研究完成了中间介质法的海洋温差发电，设计功率50千瓦，实际发电功率53.6千瓦，减去水泵等自耗电功率35.1千瓦，净输出功率18.5千瓦，占总功率的34%。当时表面海水温度28摄氏度，海洋663米的冷水温度为7摄氏度。
看来实现温差发电还有很大困难呀！

海洋温差发电现在仍是一项高科技项目，它涉及许多耐压、绝热、防腐材料问题，以及热能利用效率问题，且投资巨大，一般国家无力支持。但丰富的海洋温差资源还是吸引许多科学家开展相关的研究。
希望他们能尽快取得成功！

9 海流能

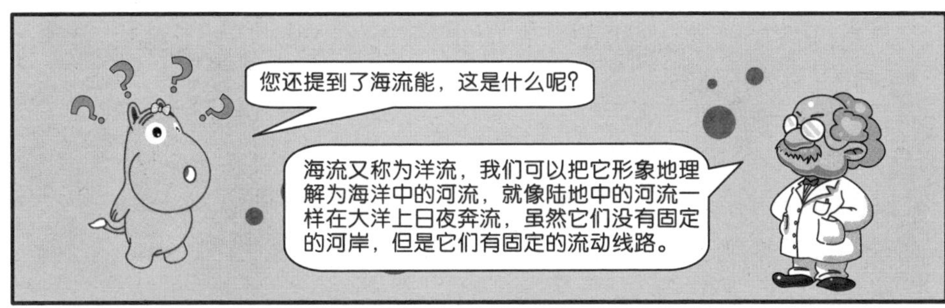
您还提到了海流能，这是什么呢?
海流又称为洋流，我们可以把它形象地理解为海洋中的河流，就像陆地中的河流一样在大洋上日夜奔流，虽然它们没有固定的河岸，但是它们有固定的流动线路。

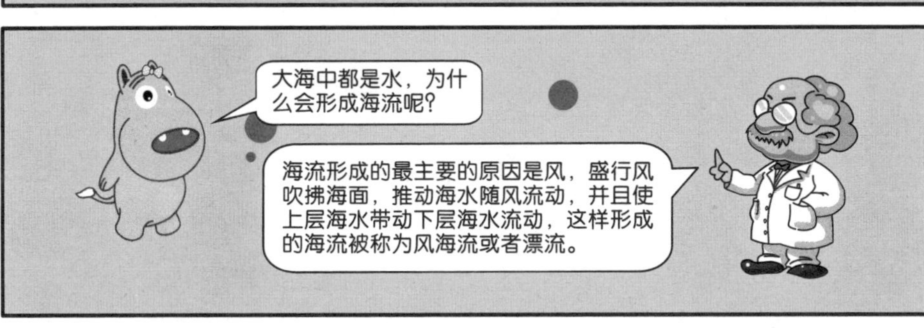
大海中都是水，为什么会形成海流呢?
海流形成的最主要的原因是风，盛行风吹拂海面，推动海水随风流动，并且使上层海水带动下层海水流动，这样形成的海流被称为风海流或者漂流。

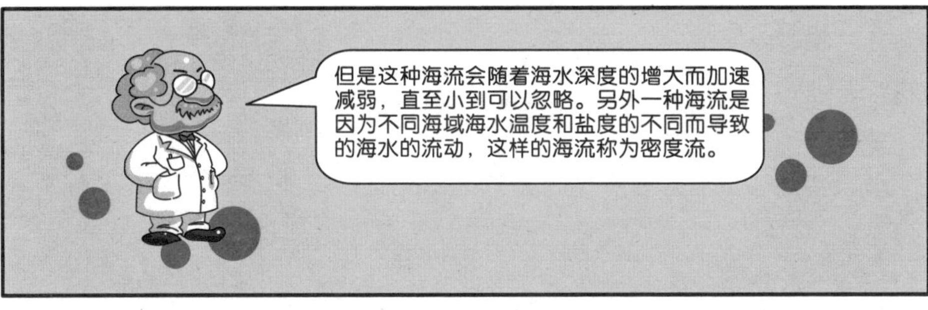
但是这种海流会随着海水深度的增大而加速减弱，直至小到可以忽略。另外一种海流是因为不同海域海水温度和盐度的不同而导致的海水的流动，这样的海流称为密度流。

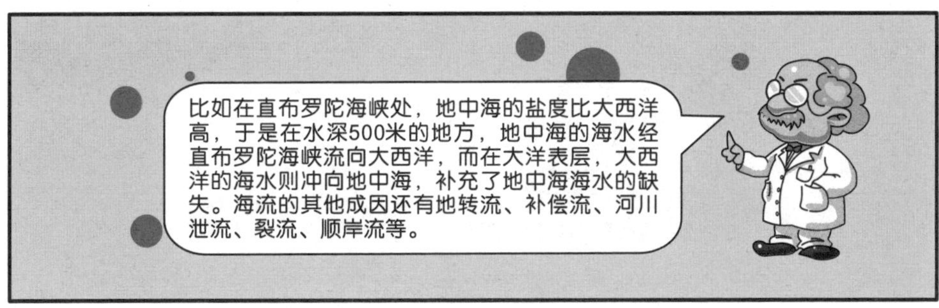
比如在直布罗陀海峡处，地中海的盐度比大西洋高，于是在水深500米的地方，地中海的海水经直布罗陀海峡流向大西洋，而在大洋表层，大西洋的海水则冲向地中海，补充了地中海海水的缺失。海流的其他成因还有地转流、补偿流、河川泄流、裂流、顺岸流等。

10 海流能开发

韩爷爷，人们该怎样利用海流能呢？

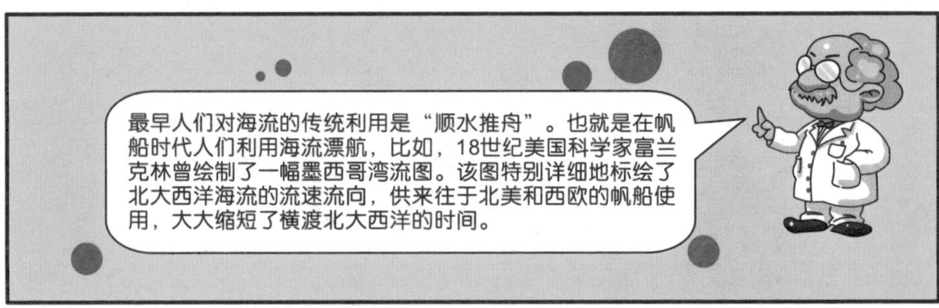
最早人们对海流的传统利用是“顺水推舟”。也就是在帆船时代人们利用海流漂航，比如，18世纪美国科学家富兰克林曾绘制了一幅墨西哥湾流图。该图特别详细地标绘了北大西洋海流的流速流向，供来往于北美和西欧的帆船使用，大大缩短了横渡北大西洋的时间。

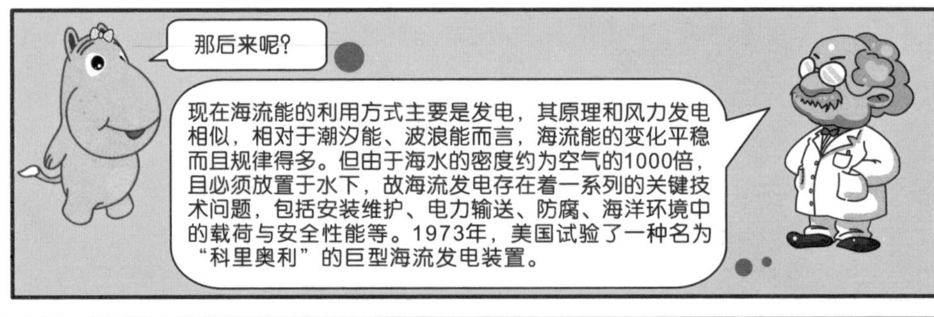
那后来呢？
现在海流能的利用方式主要是发电，其原理和风力发电相似，相对于潮汐能、波浪能而言，海流能的变化平稳而且规律得多。但由于海水的密度约为空气的1000倍，且必须放置于水下，故海流发电存在着一系列的关键技术问题，包括安装维护、电力输送、防腐、海洋环境中的载荷与安全性能等。1973年，美国试验了一种名为“科里奥利”的巨型海流发电装置。

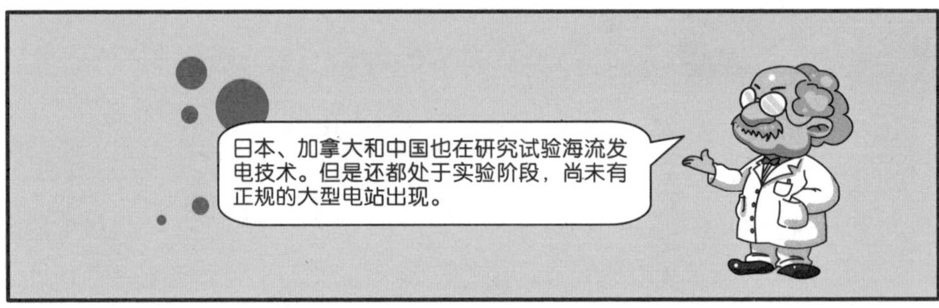
日本、加拿大和中国也在研究试验海流发电技术。但是还都处于实验阶段，尚未有正规的大型电站出现。

11 盐差能

韩爷爷，什么是盐差能呢？

你知道地球上的水有淡水和咸水之分吗？据测算，海水的平均含盐度为3.5%，也就是说，每立方千米海水含盐量为3500千克，而江河湖泊的水则是基本不含盐的淡水。

这个我知道，海水是咸的，河水是淡的。它们怎么会有能量呢？

在日常生活中，当我们把两种浓度的盐水倒入同一个容器时，稀溶液会很快自发地向浓溶液中渗透扩散，直到两者浓度相等为止。

那为什么会发生这样的扩散呢？

这是因为含盐度不同的溶液具有不同的渗透压，稀溶液的渗透压大于浓溶液的渗透压，所以压力大的一方就会向压力小的一方渗透，直到两边浓度完全一致，也就是渗透压平衡了。而这种压力差表现在海水中就是人们所说的盐差能。

比如在江河的入海处，由于淡水和海水的盐度不同，海水对于淡水来说，存在渗透压以及稀释热、吸收热、浓淡电位差等浓度差能，这就是盐差能。
原来盐差能是盐度不同的水混合过程中产生的呀！

盐差能的利用

韩爷爷，盐差能该怎么样利用呢？
利用盐度差所潜藏的巨大能量一直是科学家的理想。

20世纪70年代开始，各国开展了许多调查研究，以寻求提取盐差能的方法。实际上开发利用盐度差能资源的难度很大。目前科学家们所研究的方向是利用盐差能发电。挪威国家电力公司从1997年开始研究盐差能利用装置，2003年建成世界上第一个专门研究盐差能的实验室。

中国也有一些科学家在研究并且建设了盐差能发电试验装置，但是还都是在实验阶段。

盐差能也能发电吗？

盐差能发电的基本原理是将不同盐浓度的海水之间的化学电位差能转换成水的势能，再利用水轮机发电，具体主要有渗透压式、蒸汽压式、机械-化学式等，其中渗透压式方案最受重视。

13 地热能

地热能？您快讲讲吧！

地热能是地球内部蕴含的天然热能，这种能量来自地球内部的熔岩，并以热力形式存在，是引致火山爆发及地震的能量，是可再生资源。地球内部的温度高达7 000摄氏度。透过地下水的流动和熔岩涌至离地面1~5千米的地壳，同时也把热力传送至较接近地面的地方。而高温的熔岩将附近的地下水加热，这些加热了的水最终渗出地面，就成为了温泉。

原来温泉也是一种可再生能源呀！

地热能分为三种：一是浅层低温能。主要存在于地球浅表面大约200米深的位置，一般可以从土壤岩石、地下水中提取，温度普遍维持在25摄氏度以下。

二是水热型地热能（中深层地热能）。主要存在于地下200～3000米的范围内所含的地下水中，温度普遍保持在25摄氏度以上。三是增强型地热系统（深层地热能）。主要存在于地下4000米及以上的地层中，含温度为25～150摄氏度的来自深部地层的热水及150摄氏度以上的干热岩，是地球本身放射性元素衰变产生的热能。

14 地热能的利用

地热能该怎么利用呢?

人类很早以前就开始利用地热能，例如利用温泉沐浴、医疗，利用地下热水取暖、建造农作物温室、水产养殖、烘干谷物等。1904年，意大利首次建成了一座地热发电站。但真正认识地热资源并进行较大规模的开发利用却是始于20世纪中叶。

地热能也可以发电吗?

地热发电实际上就是把地下的热能转变为机械能，然后再将机械能转变为电能的能量转变过程。

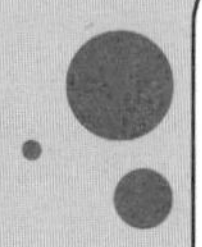

地热发电和火力发电的原理是一样的，不同的是，地热发电不像火力发电那样要装备庞大的锅炉，也不需要消耗燃料，它所用的能源就是地热能。目前地热发电厂已在29个国家/地区运营，包括美国、印度尼西亚、菲律宾、土耳其、新西兰、墨西哥等，截至2019年底，总装机容量为15400 兆瓦。

基于装机容量的领先国家是美国和印度尼西亚，目前世界上最大的地热电站是位于美国加利福尼亚州旧金山北部的间歇泉地热电站。而中国的浅层地热利用处于世界领先地位，截至2020年底，我国浅层地热能供暖（制冷）建筑面积达到约13.9亿平方米。

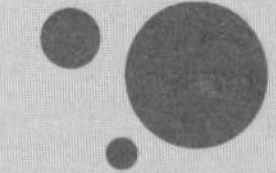

15 天然气

您说说，我们家里常用的天然气是什么样的能源?

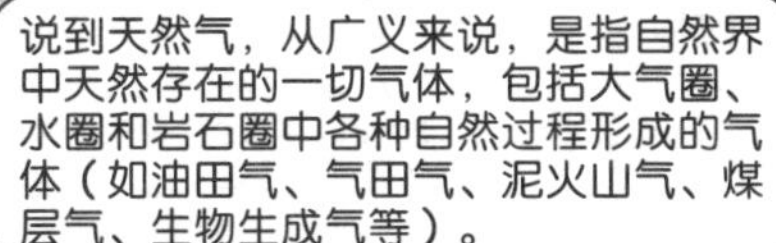

但通常我们从能量角度出发来狭义定义天然气，就是指天然蕴藏于地层中的烃类和非烃类气体的混合物。

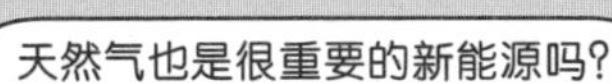

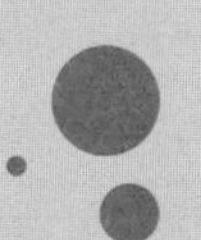

是的。天然气几乎不含硫、粉尘和其他有害物质，燃烧时产生二氧化碳少于其他化石燃料，能减少二氧化硫和粉尘排放量近100%，减少二氧化碳排放量60%和氮氧化合物排放量50%，造成温室效应较弱，是一种洁净环保的优质能源。

同时天然气与人工煤气相比，同比热值价格相当，并且天然气具有清洁干净的特点，同时天然气无毒、易散发，比重轻于空气，不易积聚成爆炸性气体，是较为安全的燃气。因此，天然气在城市燃气、工业燃料、汽车燃料等领域都有广泛应用。

可燃冰

我听说有一种叫可燃冰的东西，可燃冰是冰吗？

可燃冰的学名应该是天然气水合物，它是天然气与水在高压低温条件下形成的类冰状结晶物质，因其外观像冰，遇火即燃，因此被称为“可燃冰”或者“固体瓦斯”和“气冰”。

天然气水合物分布于深海或陆域永久冻土中，其燃烧后仅生成少量的二氧化碳和水，污染远小于煤、石油等，且储量巨大，因此被国际公认为清洁能源。

原来可燃冰是天然气水合物，这么好的能源可不可以多利用呢？

天然气水合物是在低温高压下形成的，一旦脱离地下或洋底，便迅速气化。因而在某种意义上，长期禁锢在洋底的天然气水合物像是被打开的潘多拉魔盒一样，大量释放甲烷气，其猛烈程度可能导致海床崩塌或者其他灾害，这是十分危险的。因此，美国地质调查局发出这样的警告：“开发可燃冰必须谨慎从事，免酿后患。”

在这方面中国科学家做了大量研究，使我国成为全球首个采用水平井钻采技术试采海域天然气水合物的国家，为生产性试采、商业开采奠定了坚实的技术基础。

哇！中国技术真是了不起！

17 页岩气

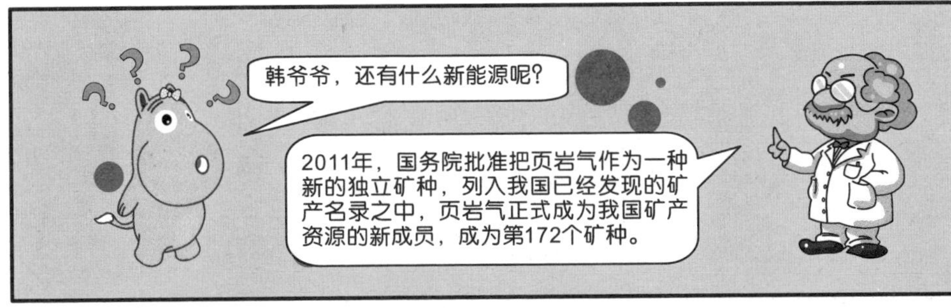
韩爷爷，还有什么新能源呢?
2011年，国务院批准把页岩气作为一种新的独立矿种，列入我国已经发现的矿产名录之中，页岩气正式成为我国矿产资源的新成员，成为第172个矿种。

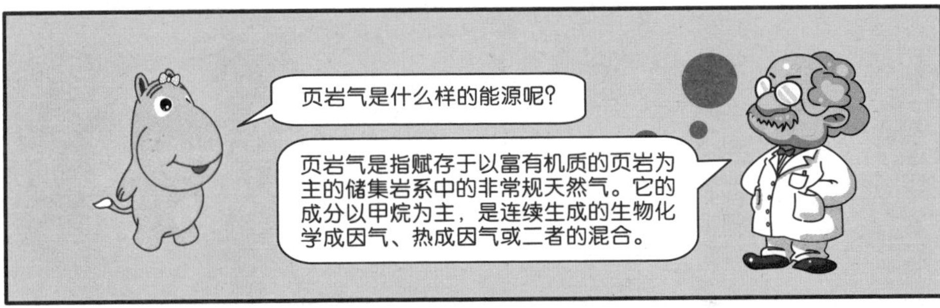
页岩气是什么样的能源呢?
页岩气是指赋存于以富有机质的页岩为主的储集岩系中的非常规天然气。它的成分以甲烷为主，是连续生成的生物化学成因气、热成因气或二者的混合。

那页岩气跟天然气有什么不一样吗?
页岩气与天然气相比有许多相似之处，但是也有许多不同。

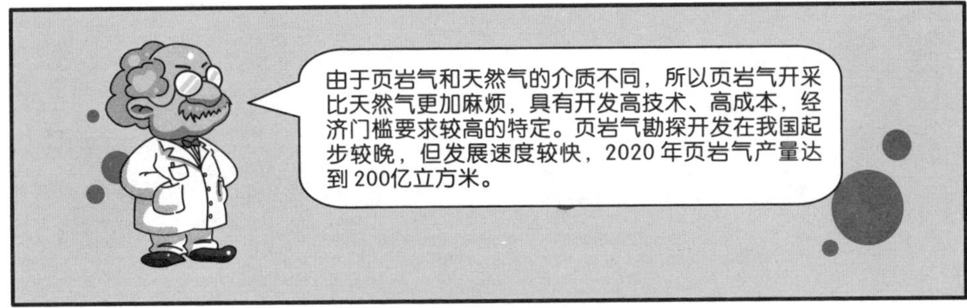
由于页岩气和天然气的介质不同，所以页岩气开采比天然气更加麻烦，具有开发高技术、高成本，经济门槛要求较高的特定。页岩气勘探开发在我国起步较晚，但发展速度较快，2020 年页岩气产量达到 200亿立方米。

18 智能电网

韩爷爷，我发现很多种能源的利用方式都是转换成为电能！

是的。在能源利用中电力技术非常关键，特别是在绿色节能意识的驱动下，智能电网成为世界各国竞相发展的一个重点领域。

智能电网是什么样的技术呢？

智能电网是建立在集成的、高速双向通信网络的基础上，通过先进的传感和测量技术、先进的设备技术、先进的控制方法以及先进的决策支持系统技术的应用，实现电网的可靠、安全、经济、高效、环境友好和使用安全的目标。

听起来好高级呀！

智能电网技术大致可分为四个领域：高级量测体系、高级配电运行、高级输电运行和高级资产管理。

其主要特征包括抵御各类外部干扰和攻击，及时发现，预见可能发生的故障并实现自我恢复，能适应大量分布式电源以及充放电设施的接入，促进电力市场以及资产的优化高效运行。智能电网具有信息化、自动化、互动化的特点，保障电网的安全性、经济性、适应性。

源网荷储一体化与多能互补发展

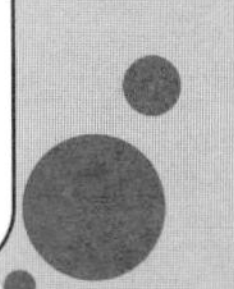

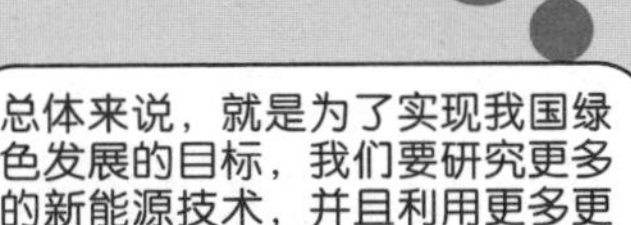